室内设计师快速签单技巧高级培训教程

家装
快速设计与手绘实例

提高篇

贾森 编著

中国建筑工业出版社

图书在版编目（CIP）数据

家装快速设计与手绘实例 提高篇 / 贾森编著. — 北京：中国建筑工业出版社，2014.8
室内设计师快速签单技巧高级培训教程
ISBN 978-7-112-17083-8

Ⅰ. ①家… Ⅱ. ①贾… Ⅲ. ①住宅-室内装饰设计-技术培训-教材②住宅-室内装饰设计-绘画技法-技术培训-教材 Ⅳ. ①TU241

中国版本图书馆CIP数据核字（2014）第152258号

责任编辑：费海玲　张幼平　王雁宾
装帧设计：肖晋兴
责任校对：姜小莲

室内设计师快速签单技巧高级培训教程
家装快速设计与手绘实例　提高篇
贾森 编著

*

中国建筑工业出版社出版、发行（北京西郊百万庄）
各地新华书店、建筑书店经销
晋兴抒和文化传播有限公司制版
北京顺诚彩色印刷有限公司印刷

*

开本：889×1194毫米　1/20　印张：11　字数：222千字
2015年5月第一版　2015年5月第一次印刷
定价：78.00元
ISBN 978-7-112-17083-8
（25789）

前　言

在家装行业里有一个怪现象：能做好设计的人未必能够签到单。似乎“设计”和“签单”是截然分开的两码事。

但我们发现，那些多年从事家装设计的签单高手，他们都是既懂设计，又懂与客户打交道的全面型设计精英!

要想成功，其实很简单，我们只需把这些人成功的经验复制下来，然后按照这些方法去做就可以了。

你不仅要学会设计，更要学会用设计赚钱；不但需要勤快的双手，还需要勤快的头脑——家装设计签单高手是用脑袋来挣钱的。

帮助你训练自己的头脑，在30天内，快速成为家装设计签单高手，就是本书唯一的目标。

读者通过本书的学习能够解决两个问题：第一，掌握家装设计师快速签单的实战技巧；第二，掌握家装设计师快速表现的实战技巧。

需要强调说明的是，此书最大的特点，不仅是培训单纯的设计能力，而且更注重培训这些能力在家装设计签单过程中的实战应用。其中很多内容都是众多设计签单高手多年来的经验总结，也是成功的秘笈。

无论是从基础开始学习家装设计的读者，还是想突破自我、全面提高的读者，只要循序渐进地按照书中的步骤坚持下去，家装设计签单能力必将大有长进。

贾森

编写说明

在家装公司的客户接待流程中，常常把从设计师第一次接触客户，到最后签订设计或施工合同这个阶段的工作叫做“签单”。

家装公司的工作是从设计师签单开始的。设计师不能成功地顺利签单，其他一切工作都无从谈起。

家装设计师最显著的特点就是每天必须亲自面对客户“签单”，每一笔合同都必须通过自己不懈地“征服”客户才能得到。因此，签单是家装设计师最重要的工作，也是最关键的工作。

我们发现，那些成功的家装设计师不仅仅是“方案设计”的高手，同时也是跟客户“打交道”的高手。家装设计师必须“设计”和“签单”两手都“硬”。

有人说，家装设计的签单，方案设计最难，是“学不会的”，要有“天才”才行；看人家做的方案很好，却不知怎么学，无从着手。有人说，家装设计的签单，和客户“打交道”最难，似乎客户的心理永远也摸不透；不知道为什么总是遭到客户的拒绝。

每个设计师都渴望自己成为家装设计签单高手，无论是家装公司主管、还是普通设计师，甚至是业务员。他们想提高自己的快速签单能力，就是不知从何学起。这本书就是为满足这些人的需要而写的。

有关家装设计的书籍很多，但真正致用的却不多。本书作者讲述了自己长期的家装设计经验和成功签单秘笈，做到边举例边分析，理论和实践结合。相信读者按照本书所传授的方法，坚持学习和实践，就能一步步成为家装设计签单高手。

从书编委会

目　录

第一章
设计创意与手绘表达
——方案创意突破技巧与手绘表达

第二章
家装格局策划与创意
——从格局策划看创意与手绘表达

第三章
方案创意与表达要点
——方案设计创意与快速表达要点

第四章
方案评估与快速表达
——从格局策划看设计创意与表达

第一章
设计创意与手绘表达
——方案创意突破技巧与手绘表达

创意是设计的灵魂，是设计发动的原始动力。家装设计的创意是可以培养的，其中，图解思考是设计师进行设计创意时常用的方法。

设计方案的创意是如何形成的?

1.关于家装设计的方案创意

在家装设计签单过程中，每个设计师都希望自己是一个创意大师。我们已经知道，创意对于家装设计师来说是非常重要的，家装客户之所以花钱到家装公司请设计师来做设计，很大程度上是因为需要设计师能够提供一个有创意的家装设计方案。在家装设计签单时，无论设计师介绍方案的口才多么好，最终决定家装客户

学习要点

1.设计方案的创意与产生
2.怎样提高设计师的创意能力?
3.家装设计创意技巧与手绘表达
4.家装设计创意的图解思考法

是否签单的主要原因，还是家装方案的创意。关于家装设计的创意，我们在前面已经介绍过，这里再简单总结一下。

什么是设计创意？我们知道设计创意是个现代复合词，它起码是由“设计”、“创造”、“意念”的含义所构成的。我们试图把设计创意一词作一个解释：设计创意就是在事物筹划的过程中那些最具创造性的意念。设计创意的开始仅是稍纵即逝的灵感，它的最终是设计图或文稿。在家装设计中创意是贯穿始终的，然而又不是纯理性的设计思想。在家装设计中，它

尽管我们天天在讲“创意”，但什么是创意？像汉语中大多数的词汇一样，创意有很大的不确定性，但是关于创意的一些认识，设计师还是应该有所了解的。

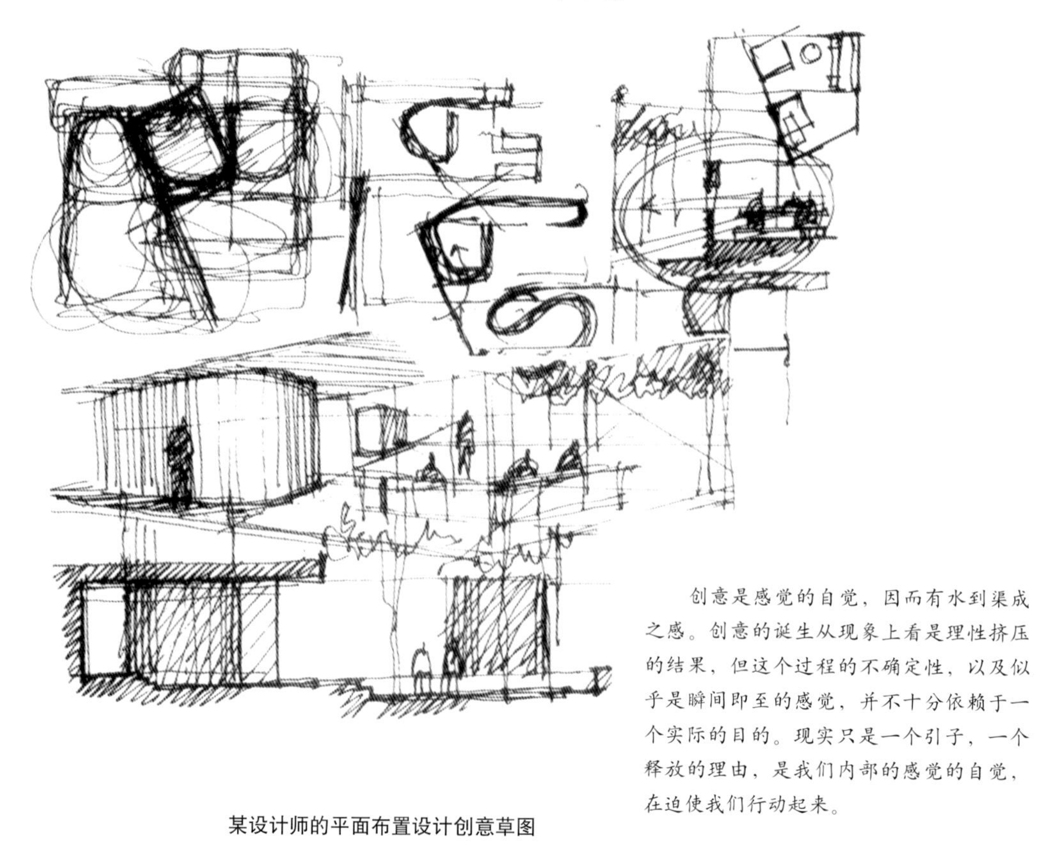

创意是感觉的自觉，因而有水到渠成之感。创意的诞生从现象上看是理性挤压的结果，但这个过程的不确定性，以及似乎是瞬间即至的感觉，并不十分依赖于一个实际的目的。现实只是一个引子，一个释放的理由，是我们内部的感觉的自觉，在迫使我们行动起来。

某设计师的平面布置设计创意草图

是一道感性的背景，我们可能有强大的理性能力来实现自己的想法，而我们未必能以理性强制出创意，创意是长期感悟的结果。也许仅是在一瞬间诞生，却不是一瞬间所孕育的。

那么，什么是家装设计的创意？在家装设计中，我们可以这样理解：创意就是设计师对于家庭装修中出现的家装问题解决的能力——这些问题，有时是功能上的，有时是技术上的，有时是经济上的，如对原建筑空间格局的调整和改造，新工艺和新材料的应用等；但更多的是设计上的，如装修的风格，立面的造型，空间的调节，气氛的营造，色彩的运用等等。

创意是一定的思维程序的产物。如果我们把这些思维上的习惯路线归纳为两类(一类是散乱型，而另一类是递进型)，我们便可清晰地意识到灵感闪现后的最终结果，虽然这两种类型无法绝对地区别，它们甚至能够彼此纠缠着出现，但注意对其程序记录、归纳、收敛是使得创意能够成型的保证。

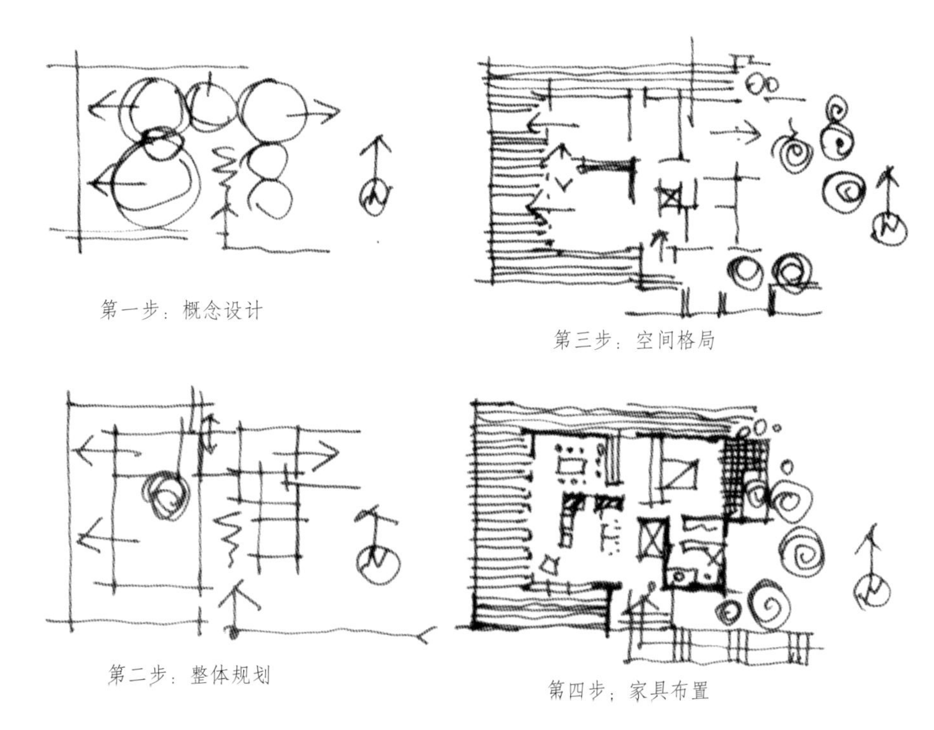

第一步：概念设计

第三步：空间格局

第二步：整体规划

第四步：家具布置

某设计师的平面布置设计创意草图

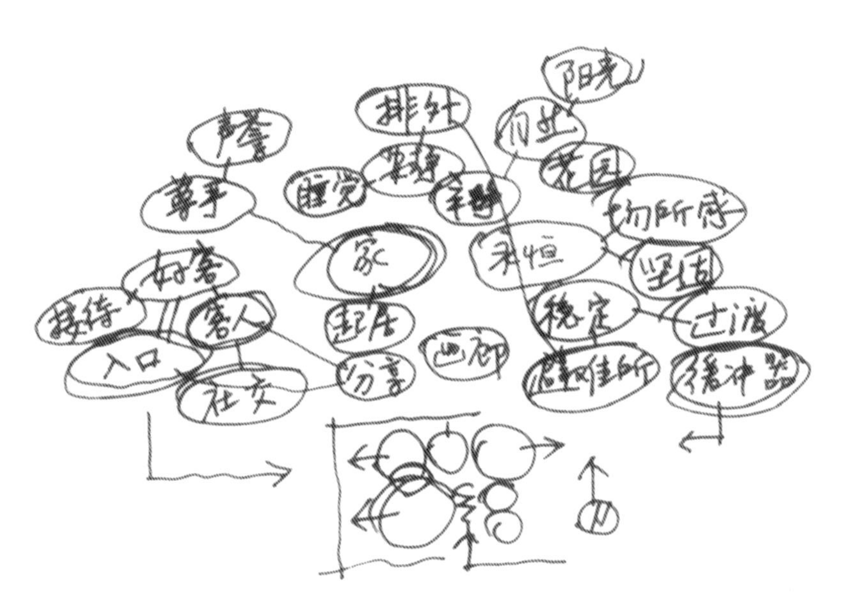

某设计师在进行平面布置设计创意草图

某设计师在进行立面设计时的创意草图

创意作为设计的一个原始动机，可能在开始的时候仅能反射出一个局部，这就需要我们用更深的设计思想来对其进行区别。虽然绝大多数的情况下，我们面对的仅是一些千奇百怪的“点子”，我们也不必非常夸张地作理念的强调，但必须注意的是，你所承认的一系列的“点子”，便贯穿成了一条思路，你就不得不承认有许多东西在背后作祟了。设计创意的实现过程是由许多手段相支撑的，你就有了再认识与再修正的机会。我们绝不能强调用理性来扼杀感性，但必须有能力用理性来作选择。准确的判断与选择才是获得自由的最有力的方式。

创意是设计的灵魂，是家装设计师签单过程中征服业主从而致胜的法宝。因此，每个家装设计师都希望自己是个创意大师。有人说创意要靠天分，是与生俱来的，没有天分就创作不出来。与其强调天生的条件，不如寻求后天的因素。我相信有许多创作条件是可以自己制造出来的。例如，与人多接触，多聆听，多发问，多观察，多思考，多看书，多笔记。久而久之，就培养起自己对生活的乐观和对事物的观察兴趣，使自己处于“创作”状态中。爱因斯坦说过：“人们把我的成功归功于我的天才，其实我的天才只是勤奋而已”。

设计师签单实例

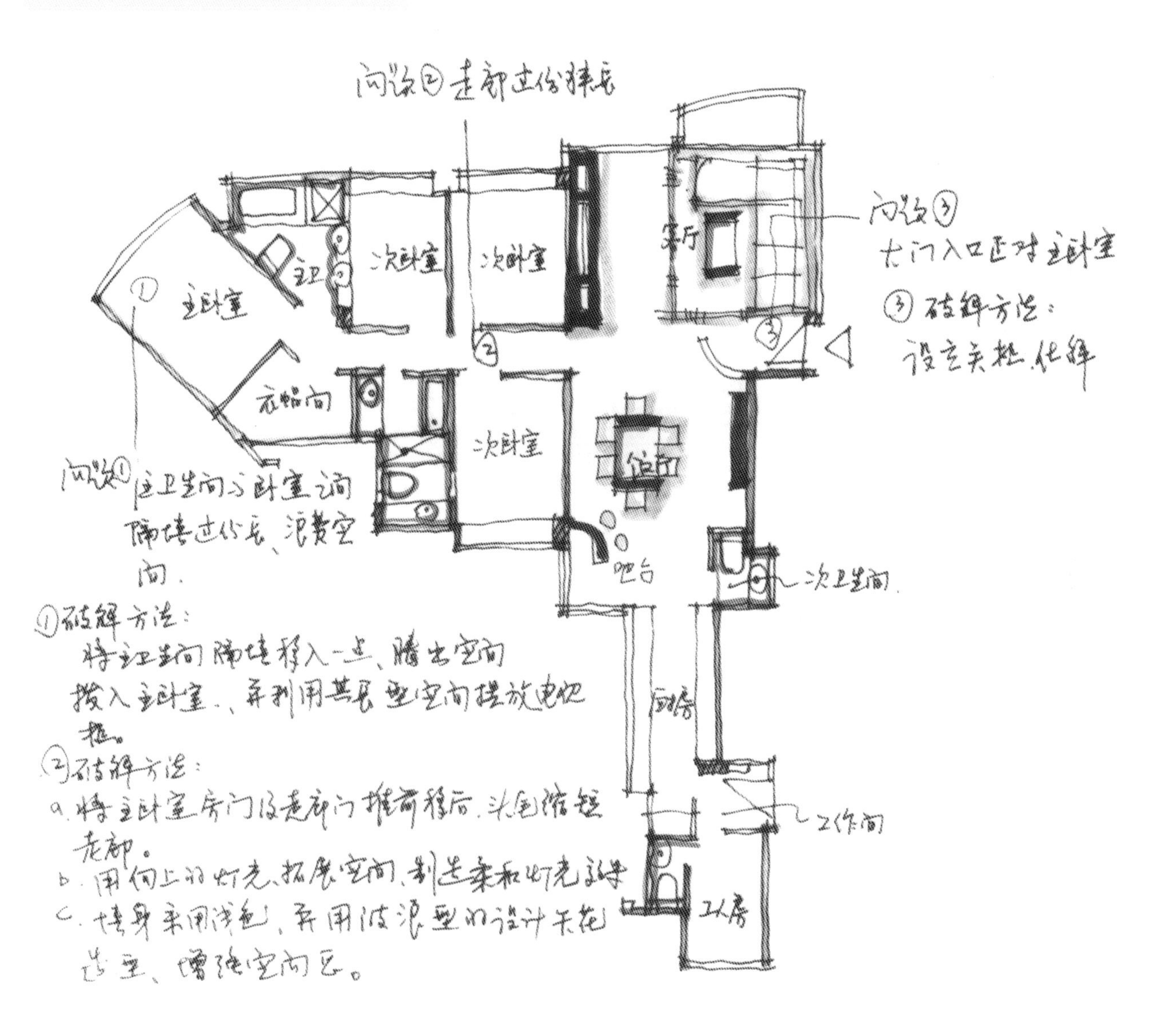

某设计师签单时当场手绘的空间格局平面布置分析草图

2.家装设计师创意的源泉

在家装设计中，设计师创意的产生，常常会从“功能、技术、情感、地点”等几个方面来入手。

首先是从功能方面来考虑。说到功能，不要仅仅理解为会客、吃饭、睡觉等这些物质上的功能，其实，我们已经知道家装设计的功能有两个方面：一是物质，二是精神。随着物质功能的丰富，人们对精神功能的需求愈加迫切，也越来越重要。

家装设计是人们生活方式的一面镜子。人们的生活方式在发展，家装设计的功能也在不断地发展，从而推动了家装设计的发展和变化，因而人们的生活方式也成为家装设计创意的源泉。

其次是营造。家装设计的目的是为了创造一个舒适的室内空间，而这个空间是通过完美的营造来实现的，这通常包括家装施工的技术、工艺与材料等内容。成功的营造能直接影响与提升使用功能。例如，在家装设计中，新的施工工艺、新的材料与新的结构常常会对家装设计产生较大的影响。

除此之外，在家装设计中，情感也常常是设计师灵感的源泉。从某种程度上讲，家装设计是设计师运用独特的高级情感活动，是设计师运用设计语言表达情感的一种文化活动，是设计师个性与社会性、自我与非自我的高级情感的交流活动，是人的潜意识与显意识的综合审美创造活动。设计师在家装设计中的情感，主要是通过视觉化的体验和交流来获得，通过家装室内的空间形式让使用者在情感流露的氛围中得到一种视觉上的享受，实现精神上的愉悦感。在家装设计中，设计师对特定情感的追求与表现是十分重要的，达成视觉审美上的享受和情感上的愉悦是一个设计方案成功的最高境界，是设计师要不断为之努力追求的。

一定的功能要求相应的室内空间形式

在家装设计中，“适用”是第一位的。因此，怎样使家装室内空间内部舒适化与科学化，充分满足家庭生活方式和使用功能的需求，是产生家装设计方案创意很重要的方法。一定的功能要求只能采用与之相适应的室内空间形式才能满足，如客厅和卧室空间形式的要求是不同的；相反，同一功能要求也可以用多种形式的空间来适应，如餐厅设计时也可以采用不同的设计方案来解决，“开敞式”或者是“封闭式”。

开敞式的餐厅设计，通过局部吊顶、餐桌、地面局部地毯以及墙面装饰等空间元素，限定出一个轻松愉快的就餐空间环境。

某设计师签单时当场手绘的客厅效果图

此外，家装设计的精神功能也是非常重要的因素。设计师在进行室内设计时，应当怎样确定自己的设计意图，采取什么样的家装设计风格、形式、色彩？给人一种什么样的感觉？是希望一种亲切、典雅的氛围，还是给人以豪华、富丽的感觉？这是设计师充分发挥设计能力和体现艺术修养的地方，也往往成为赢得家装客户信任的关键所在。但是，精神功能也要跟物质功能相适应，如会客的客厅，必须要有开敞、明亮的空间来对应，而卧室则相反。

沉稳的床头主墙面造型，温馨的布艺床饰，舒适的贵妇椅，开阔的视野，以及温暖的木地板和地毯，无不营造出一个静谧温馨的卧室环境。

设计师签单时当场手绘的卧室效果图

这是一个大户型的客厅空间设计快速手绘效果图，新的材料与结构形式带来了轻盈的楼梯，简洁的梁柱，空灵的灯光，宽敞通透的空间。

设计师签单时当场手绘完成的客厅效果图

每一种新的施工工艺和新的材料形式的出现，都为新的家装室内空间形式的发展带来了新的可能性，这不仅满足了功能发展的新要求，使家装室内空间的面貌为之一新，而且又促使家装设计的功能朝更新、更复杂的方向发展。因此，在家装设计中，营造也常常是设计师创意的源泉。

设计师最重要的工作就是要不断追求家装室内空间局部与局部之间，局部与整体之间的理想关系，这往往需要设计师运用各种形式美的法则来达到理想的审美效果。形式美的产生与人的生理反应、心理活动密切相关，不同的形式会产生不同的情感；相反，一定的情感也需要不同的形式来表达。因此，情感往往也就成为设计师进行家装设计创作灵感的来源。

下图是一个复式住宅家装客厅设计效果图快速表达实例。丰富而有层次的空间变化，通透而有节奏感的梯段，以及宛若天成般的电视背景墙处理，无不散发出一种蓬勃向上的现代气息，给人一种轻松愉快的美感。

设计师签单时当场手绘的客厅效果图

在这几个因素中，地点也许是设计师运用最多的创意灵感来源。所谓“地点”，总的概念就是家装设计应该配合家装对象的环境来进行设计，这包括家装设计对象的区域、气候、空间、环境等因素。在家装设计中，设计师常常把“环境”作为设计的“着力点”，从地点入手来寻找创意灵感。一种是“融入”的方法，即着重从与环境融合的角度入手；一种是“对立”的方法，即着重从与环境互补的角度来考虑。

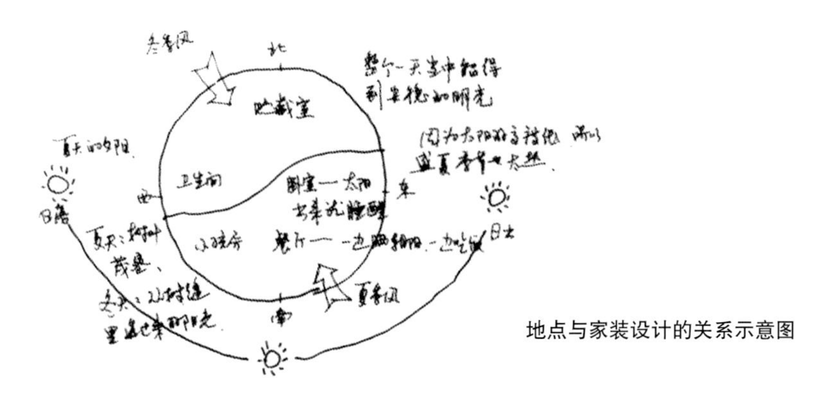

地点与家装设计的关系示意图

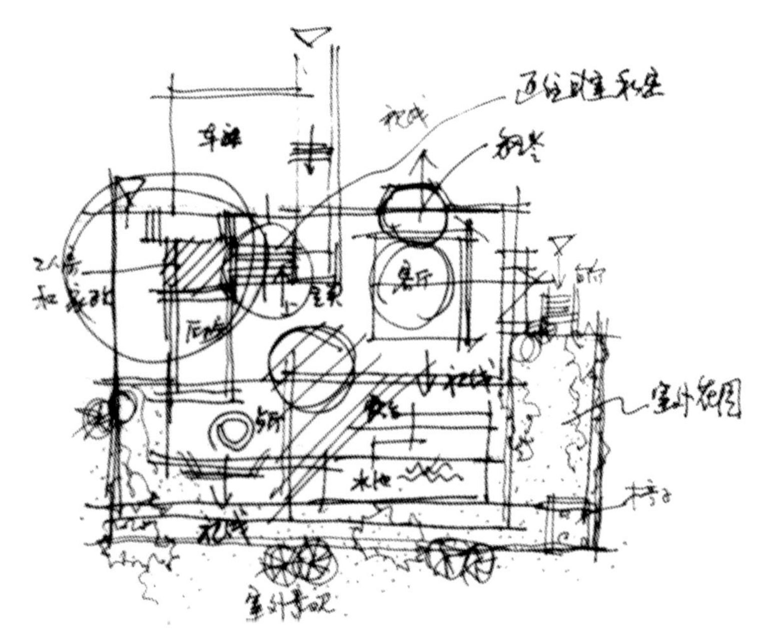

设计师签单时当场手绘完成的平面布置分析图黑白线条稿

这是一个某音乐工作者的别墅家装平面布置设计实例。

设计师的设计灵感来源于室外优美的环境，充分运用了“融入”的方法。如客厅特意在凸窗部位安排了家装业主喜爱的钢琴角，使该设计充满了家装业主的职业特点；在餐厅部分也同样考虑了在就餐时窗外的景色和朝向；而厨房和工人房家政部分则被安排在朝向较为封闭的角落。

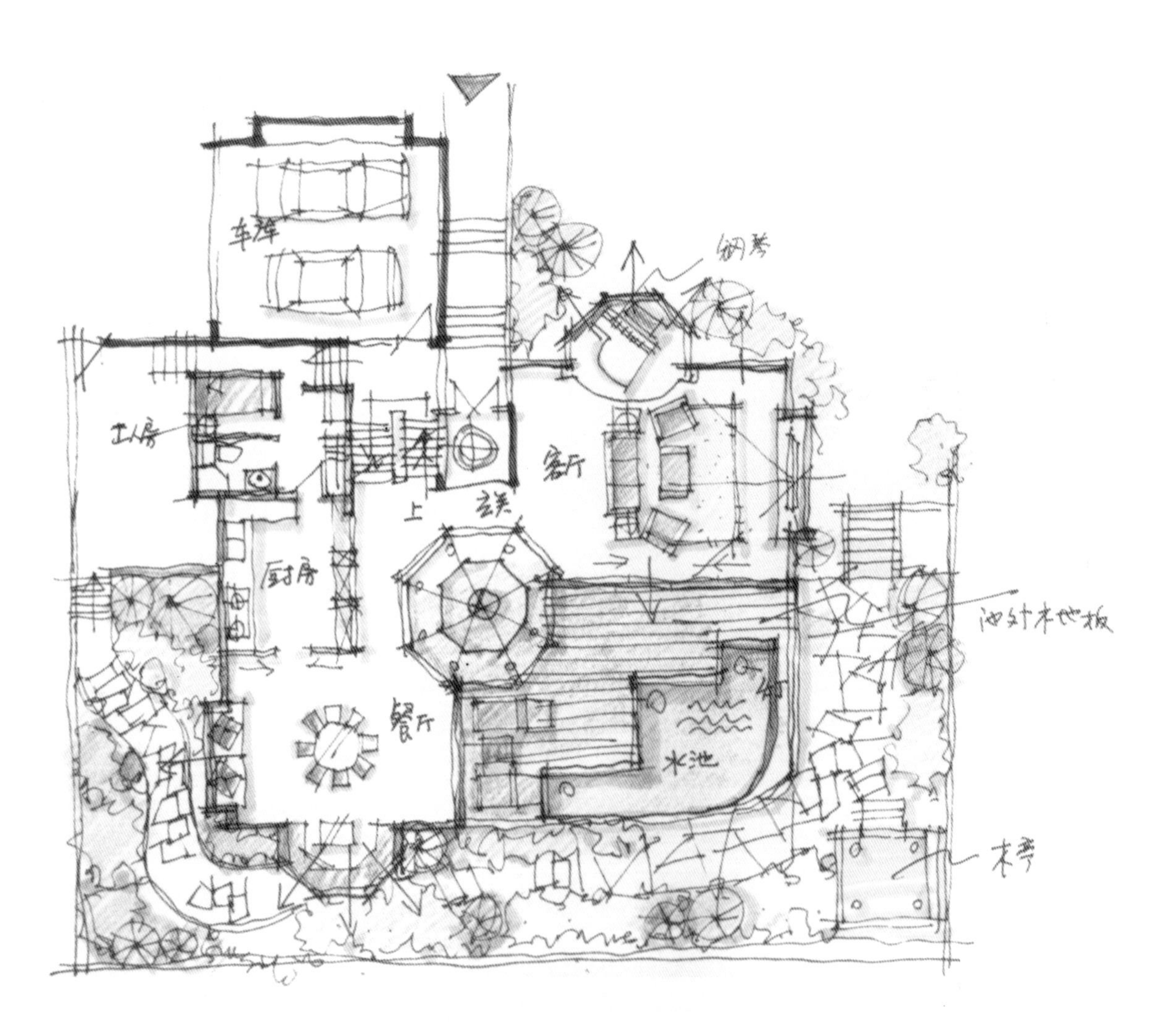

设计师签单时当场手绘的平面布置图

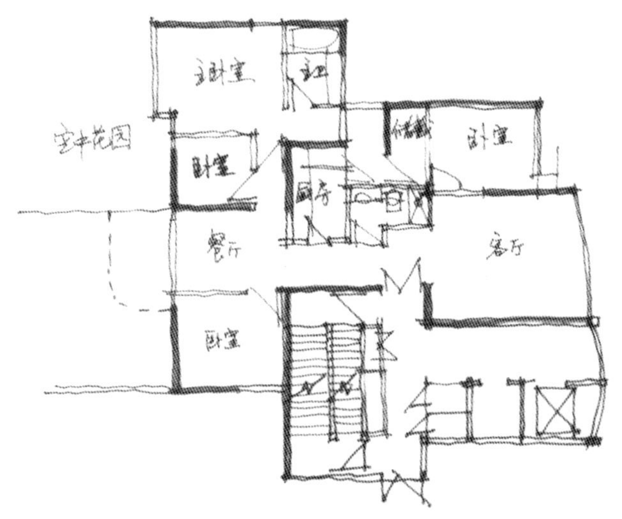

设计师签单时当场手绘完成的平面图黑白线条稿

这是一个年轻私营企业老板的别墅家装平面布置设计实例。设计师的设计灵感来源于室外优美的环境，充分运用了“对立”的方法。

该住宅原建筑平面图的特点是有一个趣味盎然的空中花园，深受业主喜爱。根据这个特点，设计师设计了一个供休闲和娱乐的室外花园。此外，在进行室内的平面布置时，着重运用了和室外环境互为补充的方法，把室外的绿色景观引入室内，重点在入口处，以实墙面做造景，强调居家的私密性；并以园林造景作为踏入室内空间的第一重景观，与室内人工的造型互为“对立”。

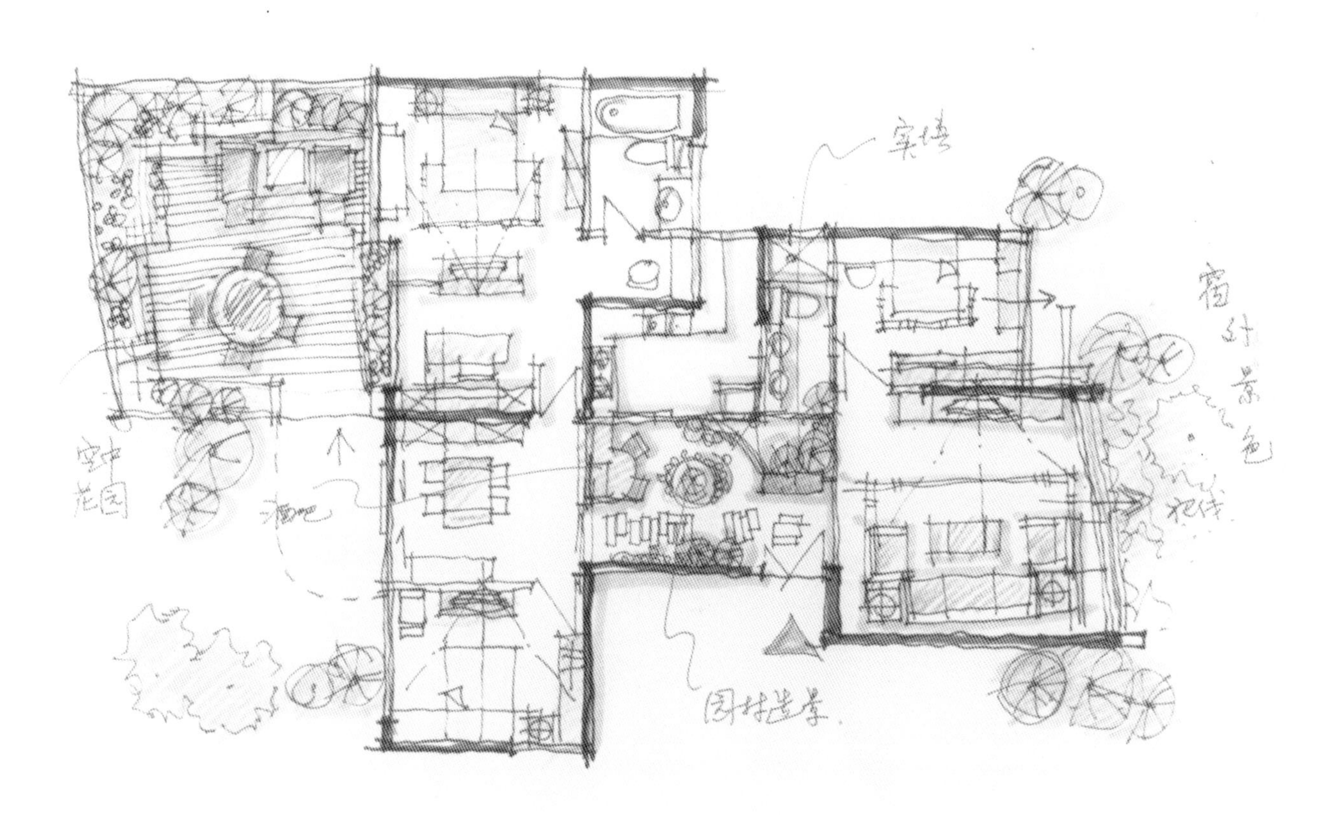

设计师签单时当场手绘的平面布置图

怎样提高设计师的创意能力?

在家装设计时，我们可以把设计创意大略地理解为：在设计活动进入实质性操作之前，必须先有一个（一类、一组）想法，而这个想法则应是具有创造性的。这也是提高设计师方案创意能力的核心问题。

创意一词应该是创造一词的延伸，或者说创意是创造活动的一个组成部分。因此，我们有必要将创造性的思维原理以及训练方法介绍出来，我们可以借鉴创造学的方法来培养和解决我们在家装设计方案创意中的问题。

1.打好家装方案设计创意基础

我们通常讲创造性思维，即是把创造思维的能力加上判断力再加上一个基础平台（基本知识、信息、手段）的基础所形成的三角构成。创造思维能力、判断力都是思维能力，思维能力是建立在知识、信息、手段（思维方法）的基础上的。没有基础，或有了基础没有判断力，或有判断力缺少创造思维能力，创造性思维就无法建立。

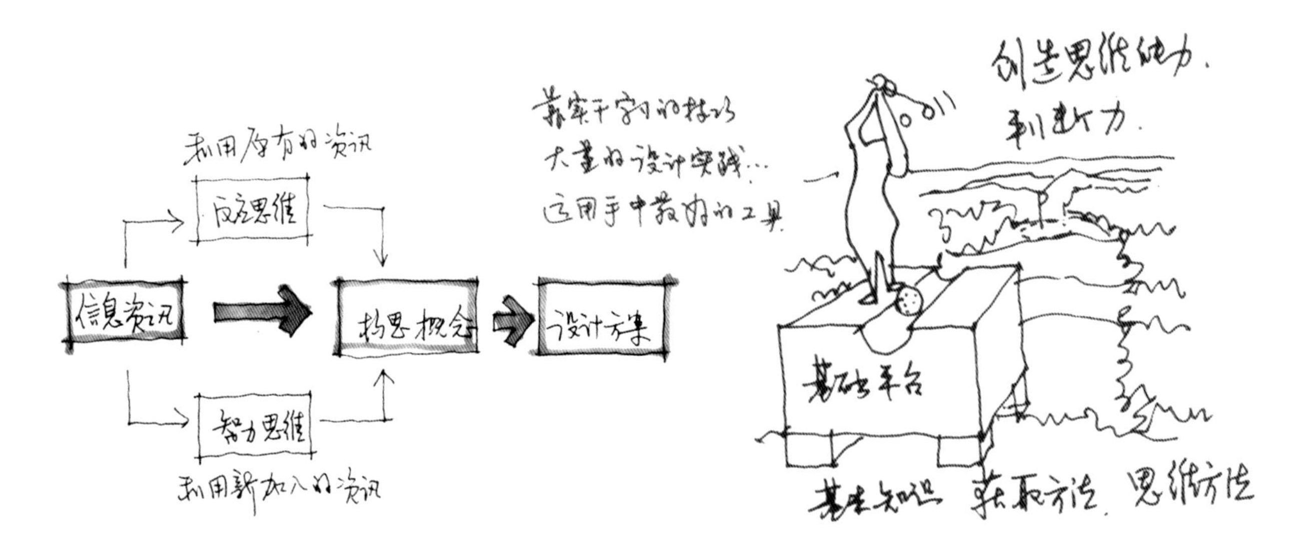

家装设计方案构思和创意的过程

打好家装方案设计创意的基础

创造思维能力即是由判断力及知识、信息、手段相支持才得以成立的，没有这两条边的基础，创造思维能力即便有其本能的一面也难以构成创造性思维的稳定整体，也就难以形成真正有价值的创造。从设计创意的角度说，有了感觉信息的积累，加上知识与修养的判断，才能准确地把握好设计的表现。设计如果脱离了准确（指感觉的准确，并非指事物的精确），脱离了恰当的表达将会一事无成。正如中国成语中“厚积薄发”一词所传递出的意思，没有积累，将无从“发”出。

设计师知识构成的两个方面

知识包含着两个方面，一是相关学科的知识，如计算机、外语等；一是专业领域内的知识，如室内设计领域内的知识——色彩、造型等。这两者的构成就像一个“T”形，相互增大，才能形成一个完美的结构。

判断力通常是指比较、选择、评价的能力，它是所有决策前的重要一环。由于影响判断力的因素很多，它的最终组成也是复杂的。它由各种综合技能、自然科学知识、经验等有机结合而成的，具体表现为发现问题的能力、自适应能力、优化能力、自检能力与速决能力。

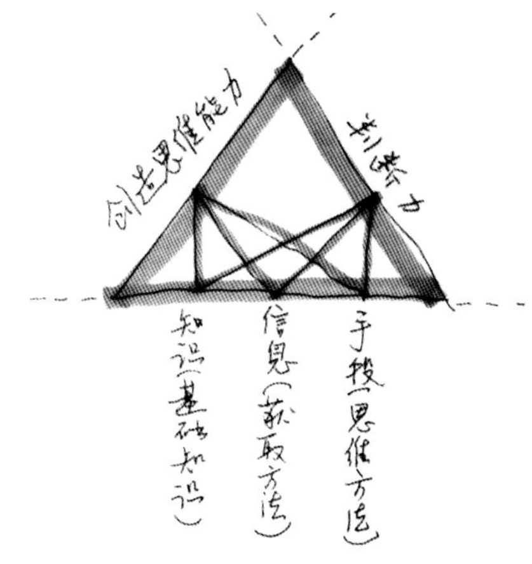

构成设计师创造性思维的三个因素

手段是指思维的方法。思维方法从心理活动特点的角度说，可分为逻辑思维和非逻辑思维两大类。在室内设计等艺术创作的活动中，逻辑思维往往有着抑制和排斥的作用，而非逻辑思维则有着扩散与冲击的作用。因此，非逻辑思维在艺术创造中备受重视，但放任的扩散往往很难形成艺术作品，因而两者相应的平衡是艺术创作者所苦苦追求的。

思维方式从行为语言表达的角度考虑，又可分为发散思维和收敛思维两大类。发散思维宜于出新，而收敛思维便于信息处理，这两者有着相互协同与制约的关系。

信息可以从多种途径获得，尤其是家装室内设计师获取信息的途径与方式更没有一个定式。信息可以是经过理性化处理后的信息，如书籍、报刊、杂志以及影像、光盘等；也可以是纯感觉式的信息，如声音、光线、形状、温度等。

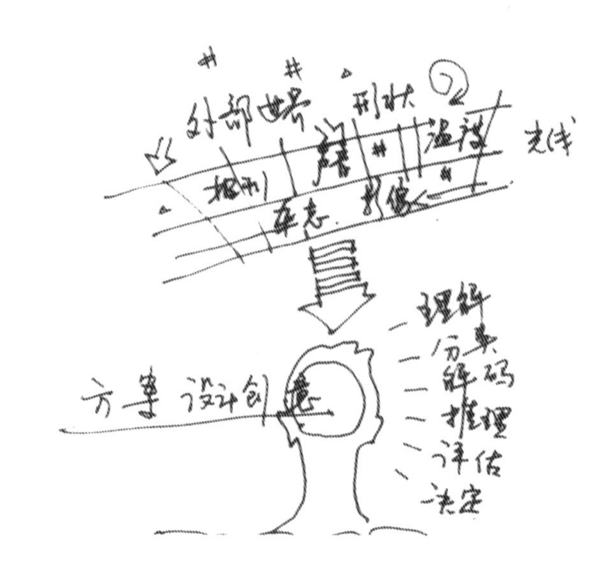

科学研究表明，人脑的左右两个半球存在机能差的问题，即左脑擅长语言与计算，因此被称为理性的脑；右脑擅长于把握空间，对主体认识，艺术形象的感受等等方面，因此被称为感性的脑。我们对于人脑的智力开发多集中于思维与分析的理性方面，因而造成了人脑的左半脑占优势的倾向。但是在创造性能力中的想象力、直观性思维与发散性思维多集中在人感性之中，即设计师应该更重视右脑的开发。

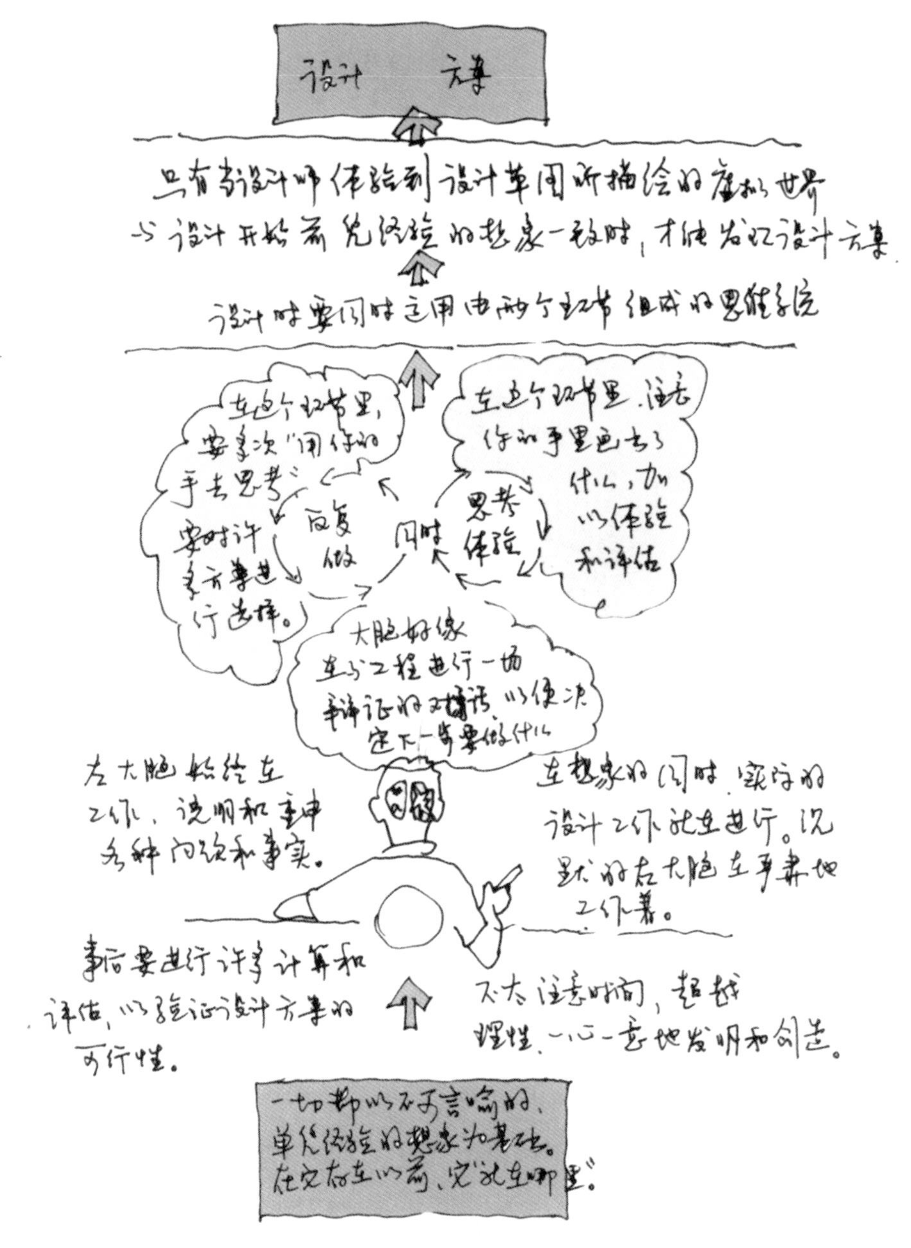

家装设计师设计方案构思创意的过程

2.怎样培养设计师的创意能力

设计创意离不开创造性思维，设计师设计创意能力的培养，主要是创造性思维能力的培养。关于培养设计创意的方法，在长期的实践中，很多设计师都总结了许多方法。让我们先了解一下其中具有代表性的几种方法：

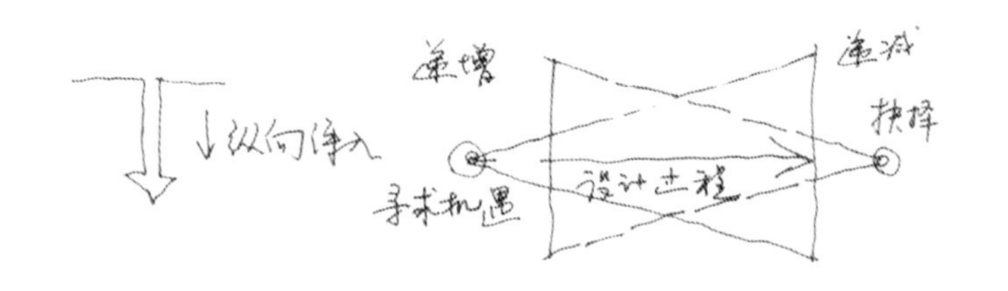

①纵向深入：

是一种由面到线的思维方式，具体表现为沉潜精细的推敲。

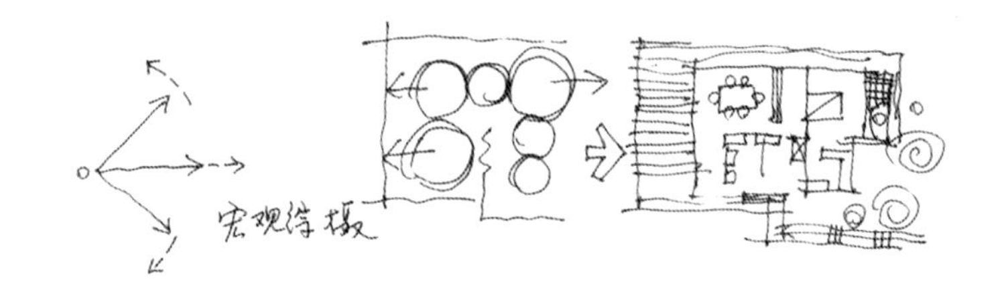

②宏观综摄：

是从高、深、远的层次，以大和全的方位，进行归纳，引发出的设想。

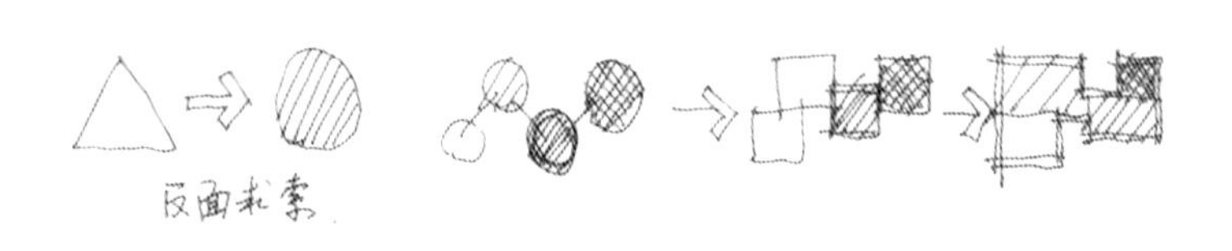

③反面求索：

是从已有事物、已有现象的相关功能状态、位置、方向、方式、顺序等方面重新思考和创新。

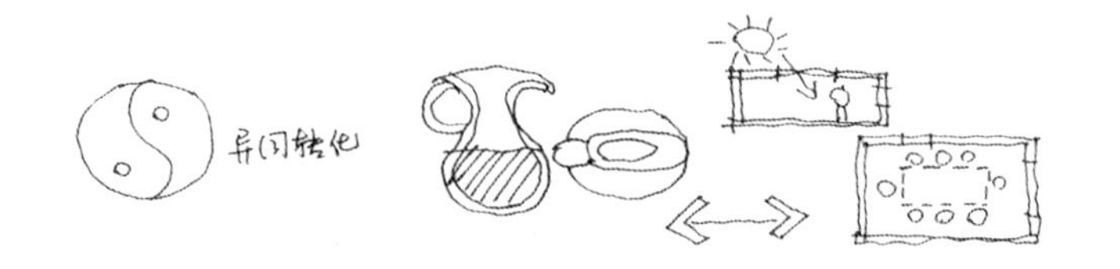

④异同转化：

是从相同的事物中找出不同点（或异化点），从不同事物中找出相同点的思维方式。

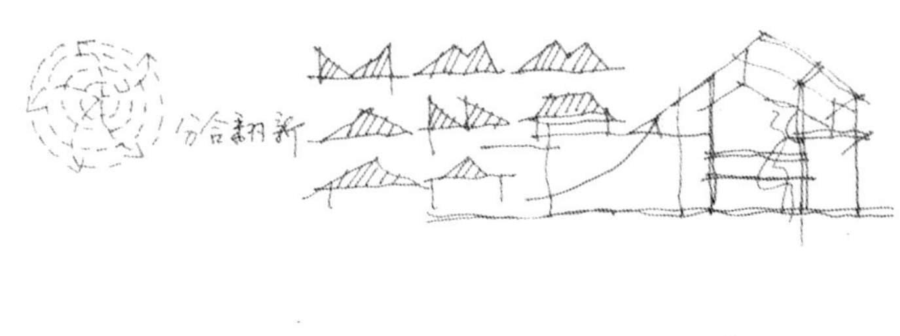

⑤分合翻新：

是按分解、分散、离散、细化的组合、合并、叠加等方式的思维。

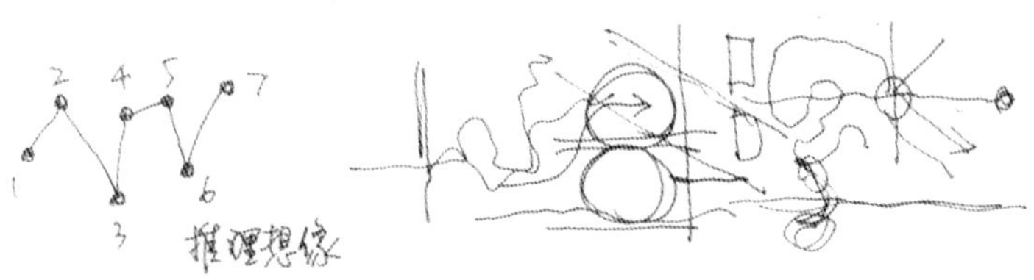

⑥推理想象：

是从对事物现像的推理、想象而诱发出的新颖的设想。

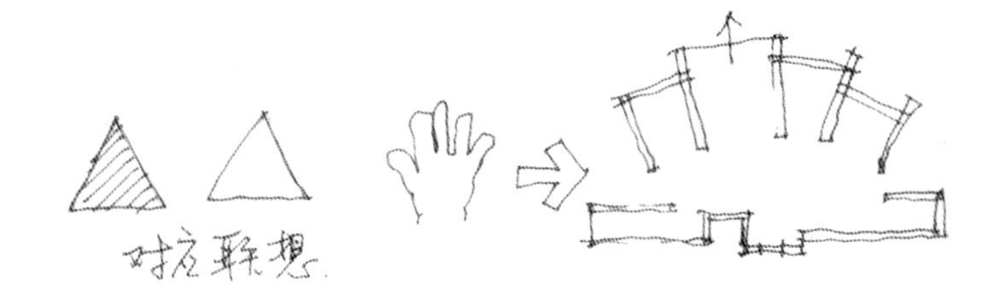

⑦对应联想：

是从相似、矛盾、接近的定律引申而后才产生的联想。

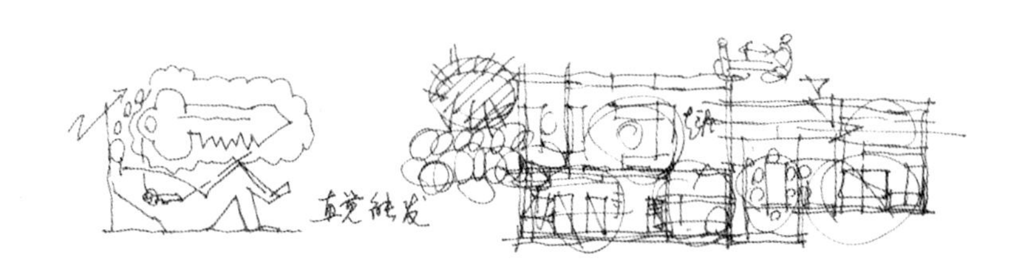

⑧直觉触发：

是在敏锐的观察与丰富的经验的条件下产生的直觉思维能力。

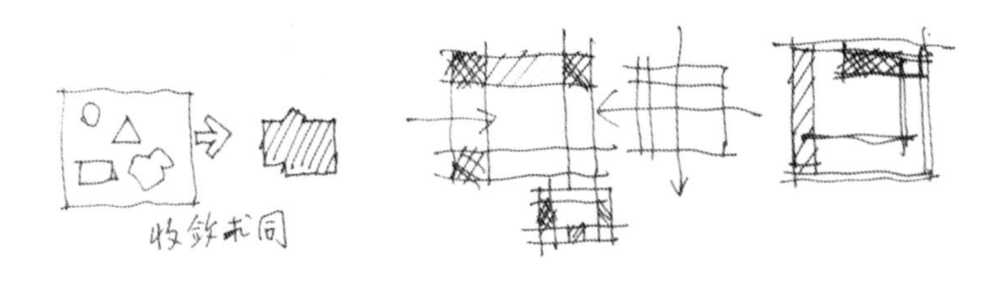

⑨收敛求同：

是用整理、归纳的方法从一定的思考路线获得合乎规律的思维方式。

这九类方式都是关于创造的理性方法，但并不能涵盖所有的思维方式。在实际设计过程中，每个设计师都是综合而纷繁地运用不同的方式进行思维。

尽管我们有了许多关于创造的理性方法，但产生这些方法的根基依然来自于感性。设计师设计过程中感性的成分通常表现在事物的开始与结束，而由理性把握着时断时续的过程，设计创意也是这样。因此我们不仅需要诸多关于理性思维的方法，还需要深入探讨在设计创意中感性的各个方面与作用。

我们具有感性的脑，我们才能感知和采集各种各样的信息。创造性思维的基础相当程度地依赖于直观与想象力，这两者被认为是创造性人格的两大源泉，而敏捷的直观能力与丰富的想象能力的形成是需要一定的生成条件的。

这些条件并不是理性所能把持的，也不是十分具体和客观，它们有着相当的感性成分，包含着相当的不确定性。因此我们还必须重视有关设计创意的感性生成的基础与条件。

根据目前的一些学者的研究成果，一般来说，有以下十个方面作为创造性能力建立的感性基础。这十个方面，虽不是十分完整和深入，但如果我们据此努力，就有了一定的方向性。

某设计师在构思客厅电视背景墙立面时的草图

①思维暂时处于相对的孤独状态：

孤独性与创造性的关系可以举出很多的例子，很多人都会认同创造性与孤独性有着密切的关系。孤独有益于设计师创造能力的感性培养。

②思维处于一种相对的闲散状态：

这里的闲散性是指能够把精神从过度的忙碌中脱离出来，也可以说是另外一种“忙”，只不过看上去有点“白忙”。

这是一个创造与另一个创造的转折点，设计师的闲散状态会储备种种富于创意的想法，等待着适当的机会予以释放。

③头脑中始终充满着幻想：

我们强调想象力的训练和培养，但我们却常常排斥幻想，认为幻想是不现实的。其实，幻想能使人很快从社会日常的世俗氛围中摆脱出来，很快进入非理性的世界。人的创造力的构成不应当排斥幻想，这些感性、非理性的部分活跃着灵魂之中真正的动力，没有这些元素的涌动，创造力将是无水之源。

④自由思维：

这里的自由思维仅指涉及自己的，不加限制和组织的任意漂泊的思绪。在这种自由放任的状态下，设计师的知觉、幻觉、概念甚至系统化和抽象化会反复出现相似性作用，即把不同的或显然无关的成分结合在一起。相似性对于创造力有着十分重要的意义。

设计师手绘构思草图中，很多不确定和相似的造型中往往蕴含着丰富的创意。

⑤准备捕捉相似性的状态：

自由思维是连接与捕捉事物相似性的一种状态，也是促使设计师产生创造力的原发动力。能够保存自由思维能力的人，相应地具备创造性的能力。

⑥容易接受一切新的和相似的事物：

这并非是因为缺乏鉴别能力，实际上是易惑性。具有这种能力的人往往经过自由思维能将产生的相似性当作具有意义的事实来接受。应该说这种彼此混淆的能力在艺术创作中至关重要。如果我们不能“以假当真”的话，艺术的魅力又将失去多少呢？

⑦内心始终存在着冲突：

这被看作是从事独立性活动的两个伟大的动力之一（另一个动力是人类的自我表现的欲望）。人的内心总是存在着冲突，这种冲突竭力寻求解决的方式与方法，这其中就包含着创造性的发现。

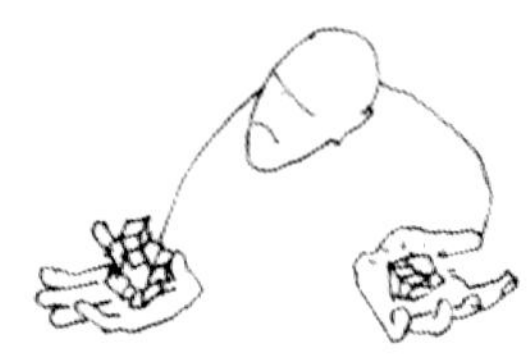

⑨始终充满着危机感：

我们在讨论设计师创造力培养的感性基础之时，把它作为创造力的动力是十分贴切的，这样的实例实在是太多了。那些艺术的“先知先觉者”（设计大师们），似乎总是被危机感鞭策着前进，创造便产生了。先锋艺术的创造推动了20世纪的精神变迁，那种层出不穷的艺术革命影响了科学思想的变革，也影响了世俗生活的演化。

⑧对以往创伤的回忆和内心重视：

设计创意的过程中也存在着极度紧张的内心冲突活动，设计师在比较与选择、精神价值的估计、思维的定位等方面都是苦费周折的，尤其是一个经验丰富的设计师。一个具有创造力的人，内心活动是极为丰富的，这种丰富保证了他的内心冲突的多样性，这就又为创造力开辟了新的源泉。我们重视内心冲突并把它的活动过程理解为创造进程的组成部分，使之能够在自我的控制之中转变为完全的创造性活动。

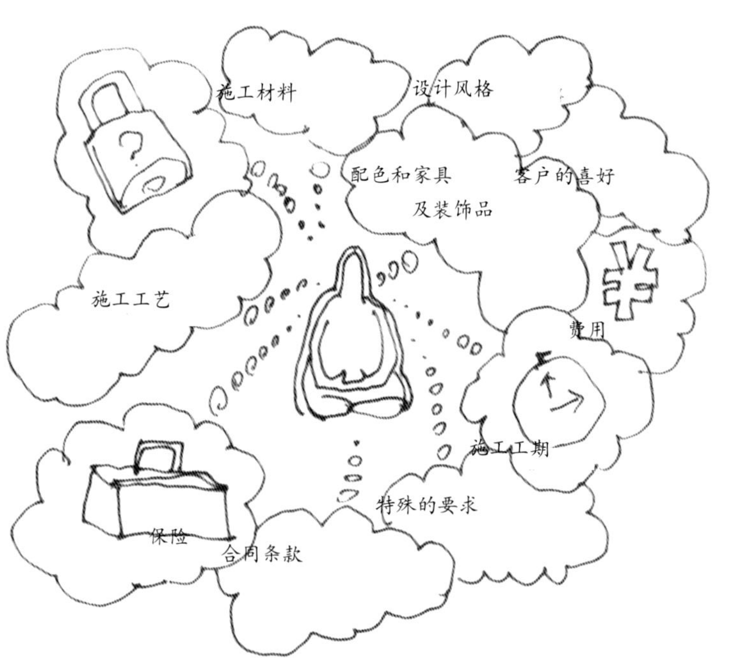

⑩设计师的日常训练：

设计师的训练应当保持相当的感性。事实上绝大多数的带有技能性质的训练都是以感性的成熟作为最终目标的，这点尤其显示在设计师的技能之中。“拳不离手，曲不离口 ”的训练实际上是使个人由感性到理性，又由理性到感性的过程。

感觉的敏锐与精确均包含着日积月累的陶冶，这个陶冶是感性上的，它远没有思想上的理解那么快，因而是长期的，具渗透性的。这也是对待设计师和科学家训练的方式不同的原因。

对设计师训练由感性至理性再至感性，而对科学家的训练原则上是由感性到理性的单一过程，这也许是艺术训练和科学训练本质的区别。

设计师的日常训练

家装设计创意技巧与手绘表达

1.设计创意的逐级思考法：

家装设计上的思维是有层次的，也可说是思维的级数，它代表着设计的素质。我们叫作逐级思维。所谓逐级思维，纯属比较而言。设计师在设计签单时，不能肤浅地进行一般简单的思考，而应当一步步逐级深入地进行思考。任何设计方案，如果按照这种思考方法来进行逐级深入地分析，就能产生出更多更好的创意，设计方案创意的水平高下立刻可辨。

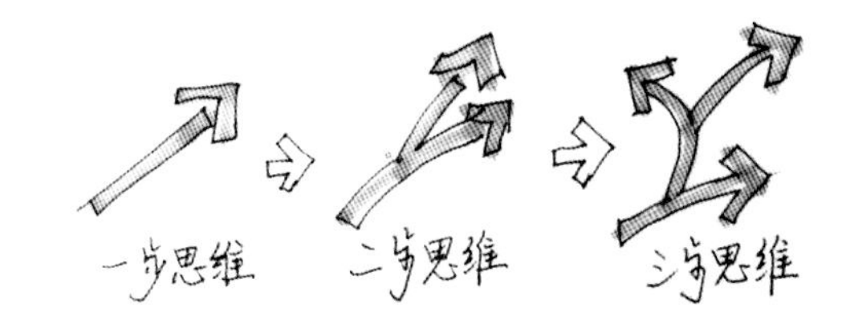

①一步思维：

这是一个家装客厅电视背景墙立面设计手绘表达实例。设计师设计一个简单的几何造型，通过不同的材质肌理，使之成为电视背景墙立面的视觉中心，限定出客厅空间。

这是反应思维中肤浅的一种，未受过设计训练的人所使用的思维方式。有些设计人员因积累了多年的经验，对一般的家装客户的要求了如指掌，所以设计凭自觉反应，信手拈来，完全不动脑筋，这也是一步思维，严格说，这是“熟手制作”，根本不是设计。其结果是通常的大路货，令人毫无印象。

设计师一步思维所手绘的客厅效果图

②二步思维：

设计师进一步丰富了立面的造型，打破原有造型的单调感，利用不对称平衡构成，对墙面进行了进一步的设计。

这种思维方式，是经过一些简单的“智力思维”过程，才找出解决办法的。设计者动过脑筋，下过一点功夫，最起码不是常见的大路货，其设计给人留下印象。这是家装设计时应该采用的基本方法。

③三步思维：

设计师进一步更深入地思维，增加了材料质感和肌理及点、线、面构成手法，综合灯光及装饰物，进一步丰富和加强了背景墙立面设计。

设计者采用的是深一层的思维。这需经过大量的“智力思维”功夫，以及反复思虑，再比较筛选之后才提出方案。这是“二步思维”的提升，乃属设计高手之作。

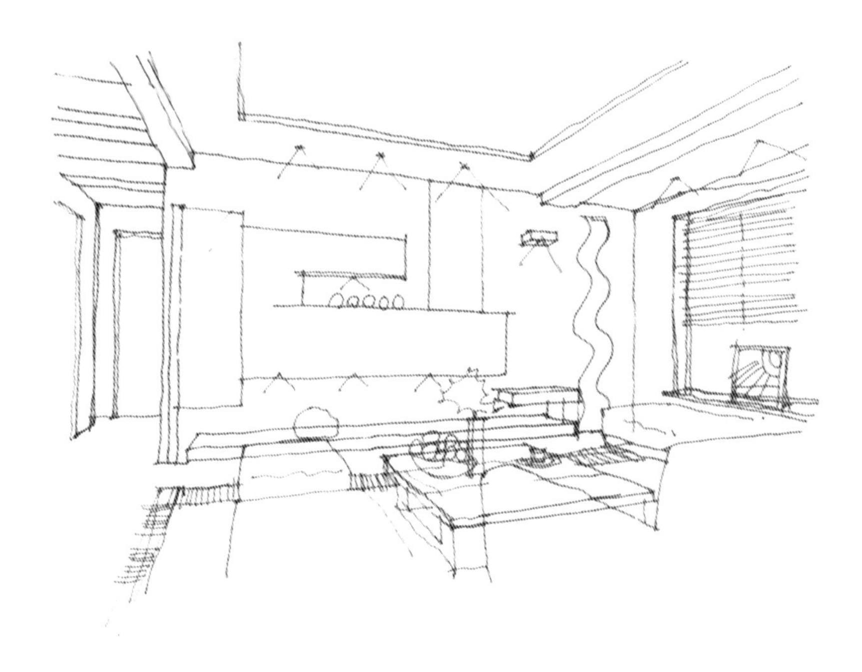

设计师二步思维所手绘的客厅效果图

设计师三步思维所手绘的客厅效果图

2.设计创意的替代法

设计师的设计思维要有层次，设计创意的思考也需要有方法。只有具备系统的思考方法，才能使设计师的创意得到最大的发挥。这也更能为设计师的思考提供一个合适的创作空间，令灵感涌现。

设计创意的替代法要求设计师在家装设计创作之初，先放弃旧有惯常的做法，以新的元素替代。对一些习惯只用直觉反应的设计师来说，这种方法可以提高思维层次，从而产生新的创意。

3.设计创意的质疑法

设计创意的质疑法就是事事寻根问底，样样都问为什么。我们不明白的问题固然可以问为什么，就是见惯见熟、习以为常的做法，也要质疑一番。如为什么要改门、拆墙？为什么要做吊顶？可不可以改成全玻璃推拉门？等等。这么一问，就可以把平时不清楚的问题弄个明白，连平日不怎么在意的事项，也可知道其中底蕴；如果能够发现事情背后的真相，那就更好了。这是设计师时常用来抗拒模仿，防止盲目跟风，以及产生创意设计的一种办法。

4.设计创意的定义法

设计师在进行家装设计时，如果给家装室内空间重新进行定义，就可以创造出新的设计思维，产生新的设计创意。这些定义可随家装客户或设计师的意思来制定，可能每个设计都是不同的。如：

门厅——个性展区，身份的名片等等；
客厅——家庭俱乐部，身份展览会等等；
卧室——爱的巢穴，浪漫的港湾

5.设计创意的穷举法

设计师做设计首先要收集设计资料，有了这些资料，如何利用？“穷举法”可以利用手中的资料帮助我们发掘新的创意。这个办法就是围绕着你要解决的问题，先把你所了解的信息和方法尽量列出，待把所有的方法尽列之后，我们就可以再看看哪些合用？哪些可以将其设计改变？如果能由此想出更新的设置方法，那便是更好的创意了。

6.设计创意的景点法

每个家装客户心目中都有一些久已向往的家居环境，或是“梦寐以求”的住所。这样的地方或环境，可称为“景点”或向往点。它是一些人早已存在心坎深处，希望有朝一日实现的室内景点。

向往点是每个家、每个人都不相同的。家装客户可以把自己希望的效果告诉设计师，而设计师也可以问家装客户有哪些童年梦想希望实现？若能根据户主的梦想设计出家装客户心目中的理想小窝，那便是成功的作品了。因为提高家装业主生活素质，令居室更舒适正是室内设计的目的之一。

例如，通常我们的直觉会习惯餐厅就是一个吃饭的地方——这就只是惯常的做法。如果我们再更深一层地去思考，用新的元素来替代，比如，家庭聚会的地方，彼此谈心的地方，轻松娱乐的地方，展示厨艺的地方……这样，就可以摆脱原有思维概念的束缚，打开设计师创意的大门。

如下图所示，设计师跳出原来餐厅的概念，设计了一个开放式的就餐空间，并增加了吧台、展示柜等，形成了一个轻松愉快的家庭小憩之所。

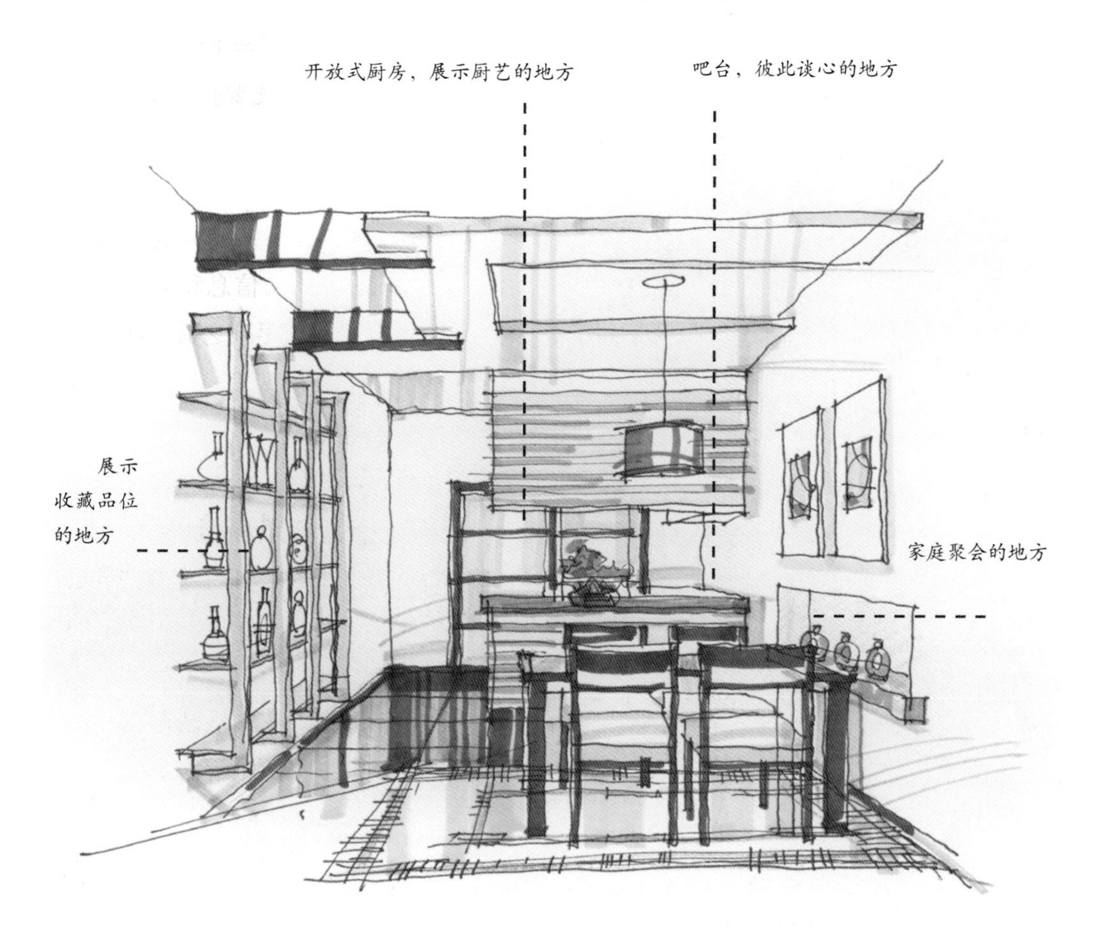

设计师签单时当场手绘的餐厅效果图彩色完成稿

下图就是一个应用设计创意的质疑法来进行设计创意的实例。

设计师在设计主卧室卫生间时，没有沿用习以为常的卫生间做法，而是多问了几个为什么，如：难道卫生间只是一个洗澡和方便的地方？为什么卫生间不可以做成透明的？为什么卫生间的门不可以做成推拉门？等等。实际上，当设计师在这样多问几个“为什么”后，很多新颖的创意就会自然而然地产生，于是，我们看到的主卧室卫生间就是一个充满情趣的休闲之所。

设计师签单时当场手绘的卧室效果图彩色完成稿

如下图门厅的设计，业主是一个艺术工作者。设计师突破原来门厅收藏和遮挡的定义，把门厅引深定义为“个性展示和身份的名片”，设计突出了一个展示台来摆放主人的艺术奖品，深受业主喜爱。

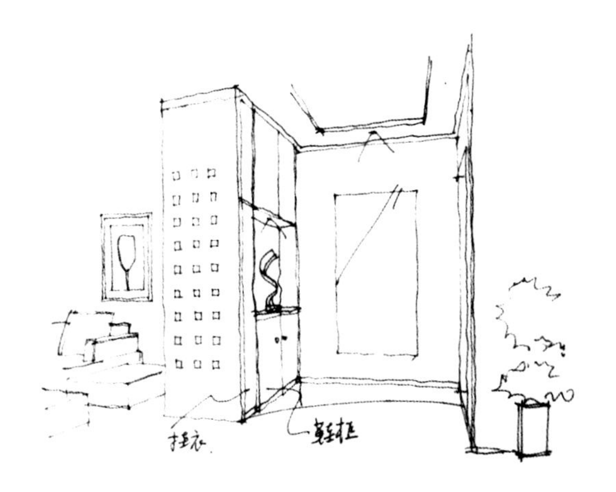

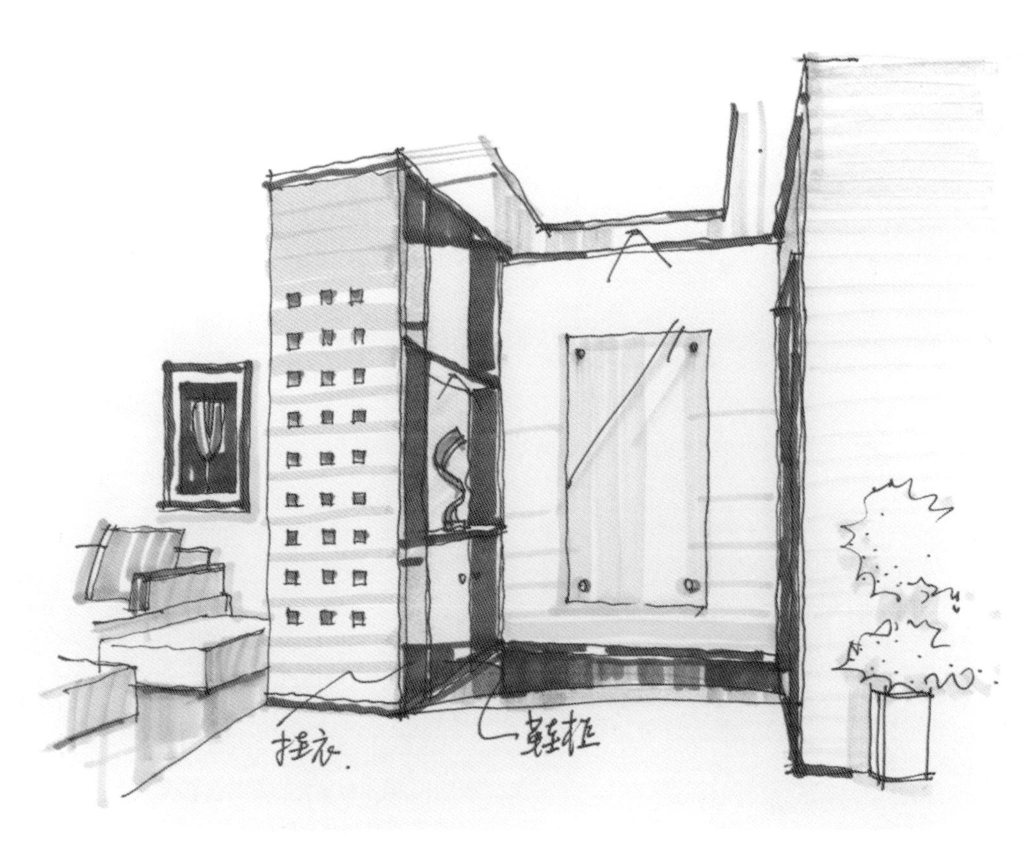

设计师签单时当场手绘的门厅效果图彩色完成稿

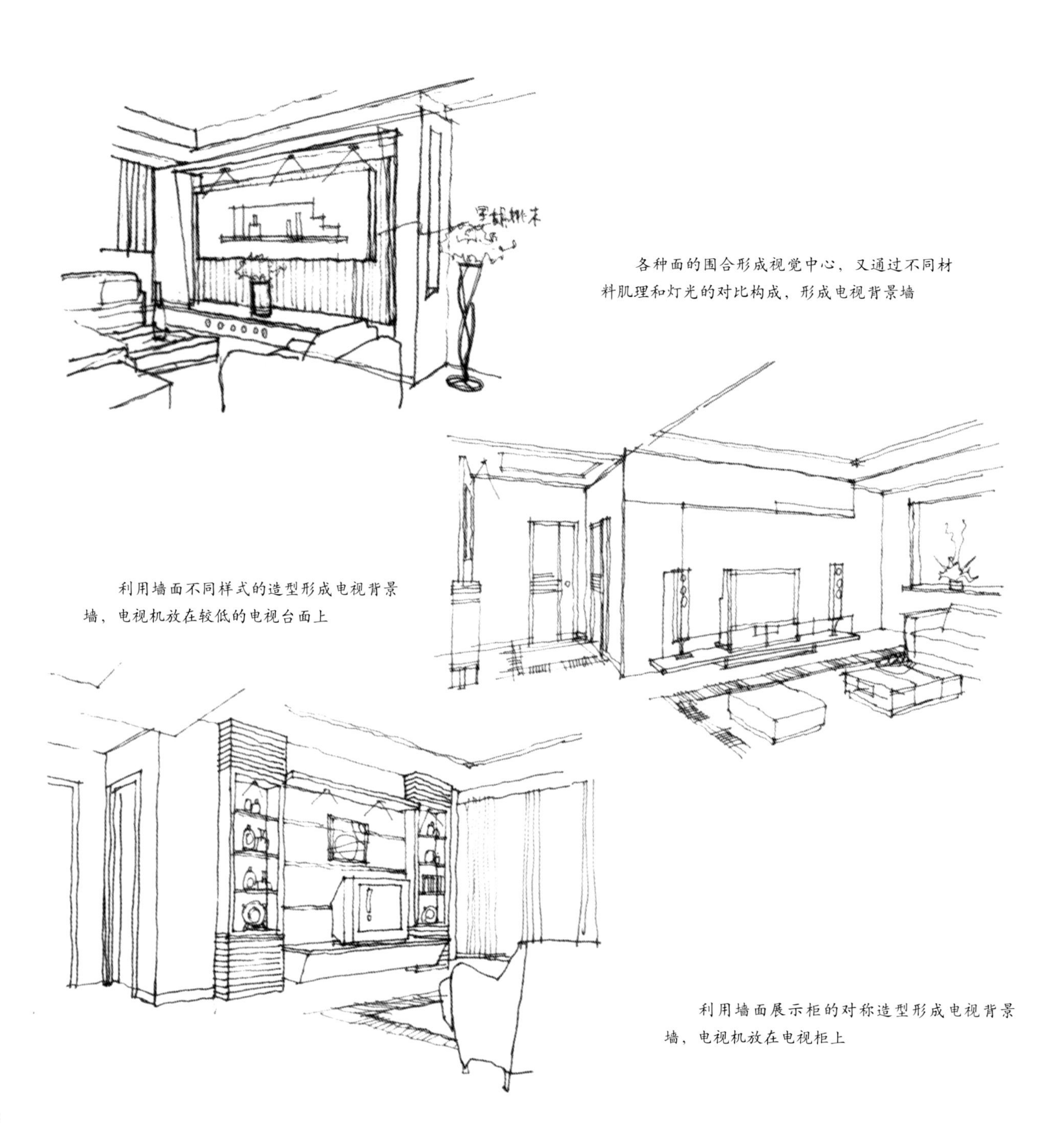

各种面的围合形成视觉中心，又通过不同材料肌理和灯光的对比构成，形成电视背景墙

利用墙面不同样式的造型形成电视背景墙，电视机放在较低的电视台面上

利用墙面展示柜的对称造型形成电视背景墙，电视机放在电视柜上

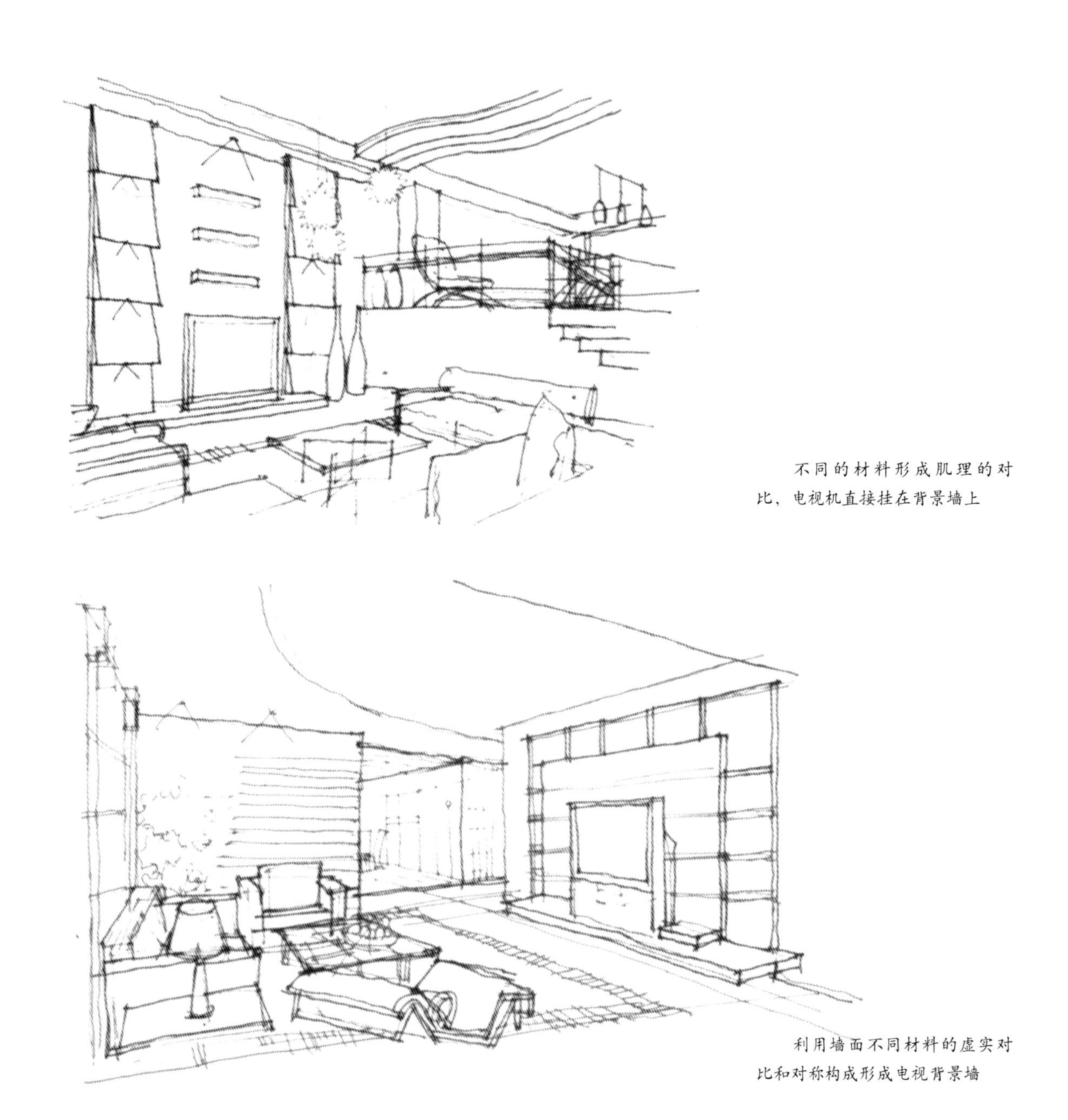

不同的材料形成肌理的对比，电视机直接挂在背景墙上

利用墙面不同材料的虚实对比和对称构成形成电视背景墙

设计师签单时当场手绘完成的客厅效果图黑白线条稿

设计师签单时当场手绘的客厅效果图彩色完成稿

如图所示，在客厅设计中，设计师运用了很多亮点：透明的厨房、落地的大窗、凹入墙面的壁龛、通高的大厅、天窗或如阁楼的斜天棚……

或以有孔洞的墙身或柜身、室内台阶、局部抬高的复式结构、可欣赏的装饰品来突出设计品位。

设计师签单时当场手绘完成的客厅效果图黑白线条稿

设计师签单时当场手绘的客厅效果图彩色完成稿

大师设计的家具、摆设

天窗或如阁楼的斜天棚

室内流动的浅水池

某家装设计方案的设计创意室内“景点”

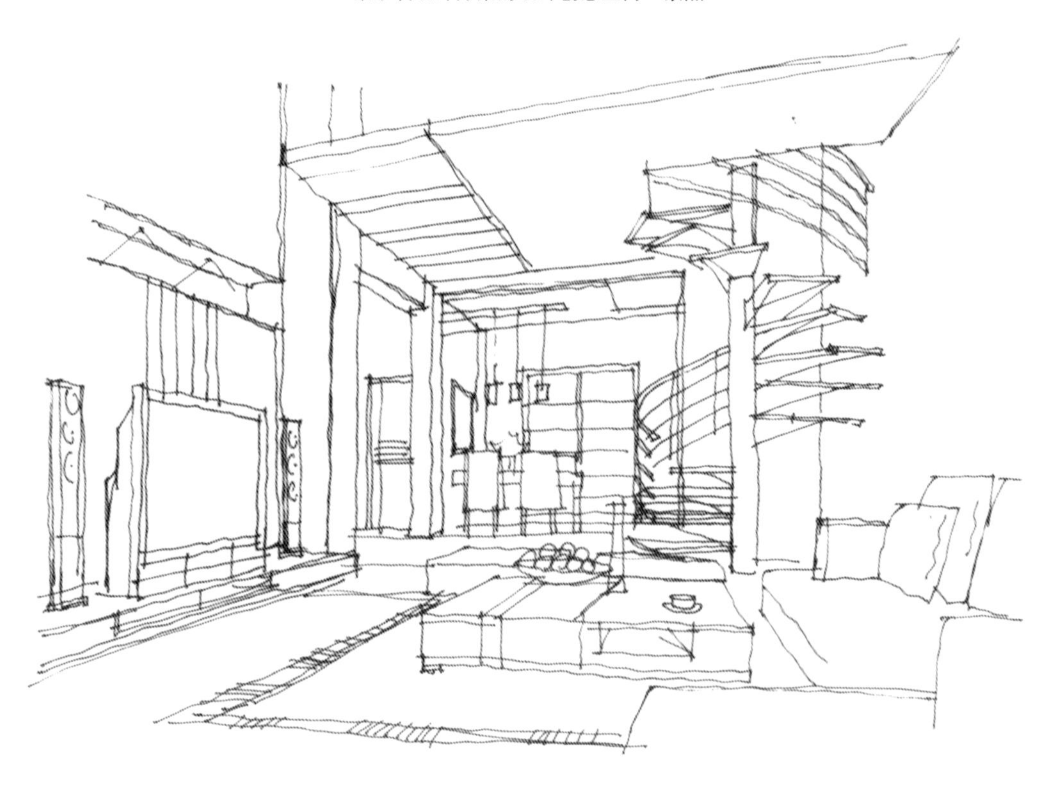

设计师签单时当场手绘完成的客厅效果图黑白线条稿

在家装室内设计中，成为“向往点”的地方很多，例如：

· 浅水池、流动的浅水、在水中央的平桥，等等。

· 大棵的室内植物、室内花园、林荫下憩息的地方，等等。

· 台阶、复式单位、室内旋转的楼梯，等等。

· 圆台墙身、随意抹灰或砌石的墙身，等等。

· 天窗或如阁楼的斜天棚，等等。

· 开有孔洞的墙身或柜身，视线可透往另一空间，等等。

· 凹入的壁龛、墙洞，等等。

· 阳光照入室内留下斑驳的光影……

· 花园小径，可按摩脚板的凸起卵石地面，等等。

· 木本色家具制品、仿古家具，等等。

· 大师设计的家具、摆设，等等。

· 落地大窗尽显室外美景，等等。

· 大束鲜花的花瓶、绿意盎然的绿化，等等。

· 可欣赏的艺术品、耐人寻味的雕塑，等等。

· 无烟厨房、透明厨房、开放式厨房、充满情调造型别致的吧台，等等。

· 安乐椅、按摩椅、桑拿房，等等。

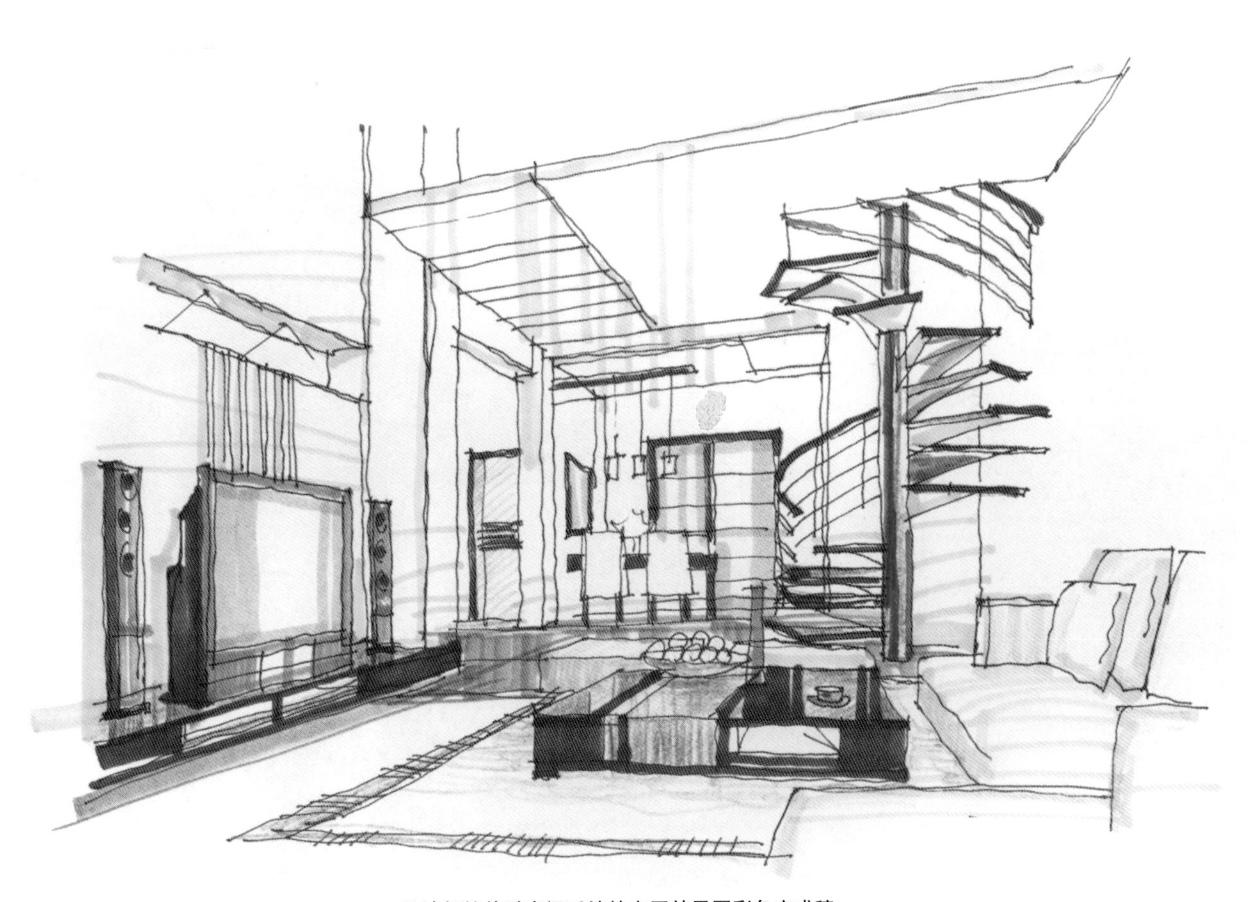

设计师签单时当场手绘的客厅效果图彩色完成稿

7.设计创意的蛛网法

当设计师已完全明白家装客户的要求、房间的尺寸等之后，设计师就可以采用“蛛网法”进行设计。先把家装要设计的主题作为核心，再把要设计的项目（例如把风格、造型、空间、照明、材料、色彩等）列为设计环境，然后再分别按门厅、客厅、饭厅等功能分区一直联想下去，想到一个设计内容就画一个圈，用直线把它们和主体连接。这样用联想的方法一直深入地扩展开去，形成如蜘蛛网的图案。随着蜘蛛网的扩展，设计师的思路也由广泛至具体，渐渐规划出设计轮廓。这个方法使设计较有系统条理。在思考当中，可把认为错的想法划去。当蜘蛛网完成后，就可据此来绘制设计平面图，每做到一项，就可将该项删去。

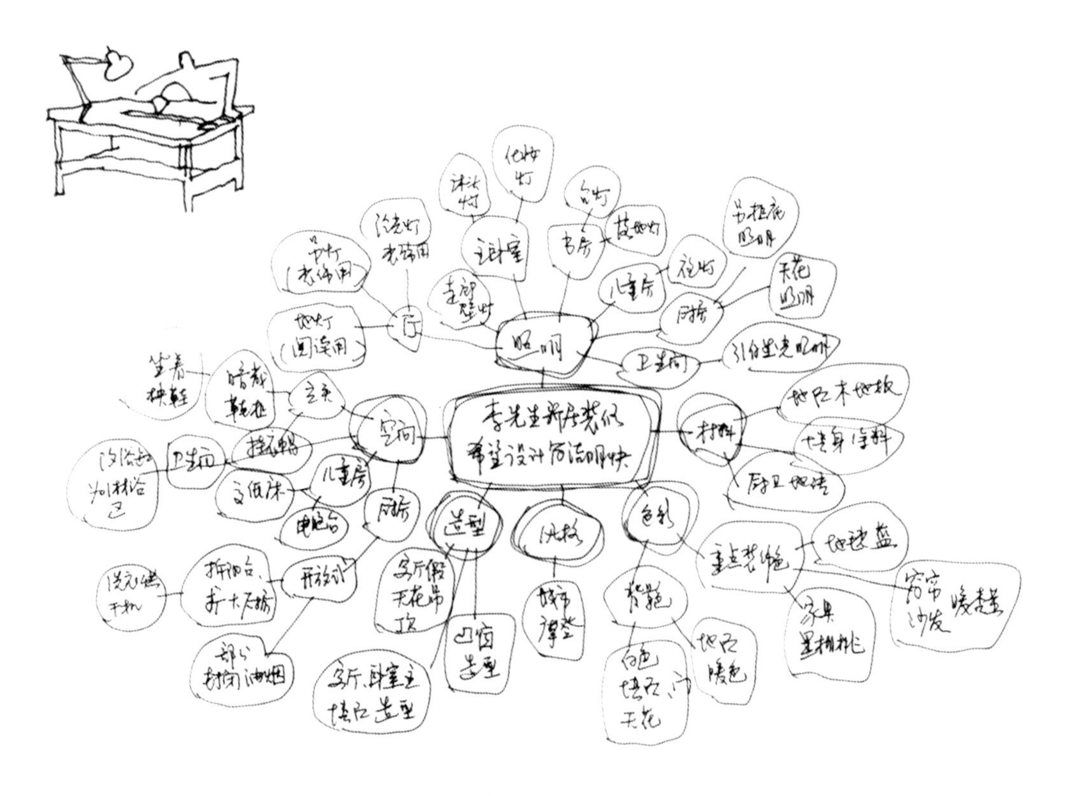

设计创意蛛网法

设计师签单实例

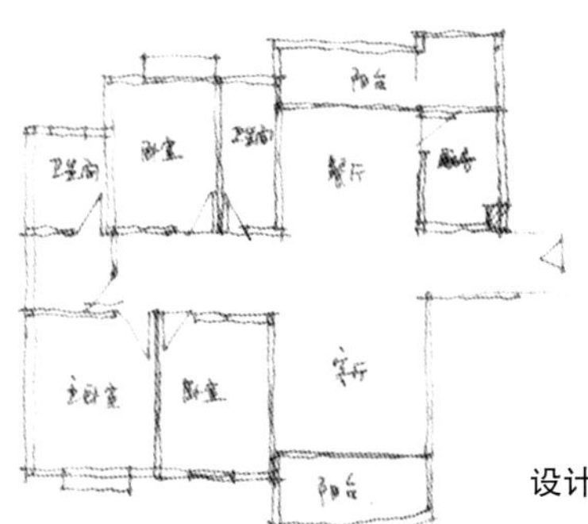

设计师手绘的原建筑平面图

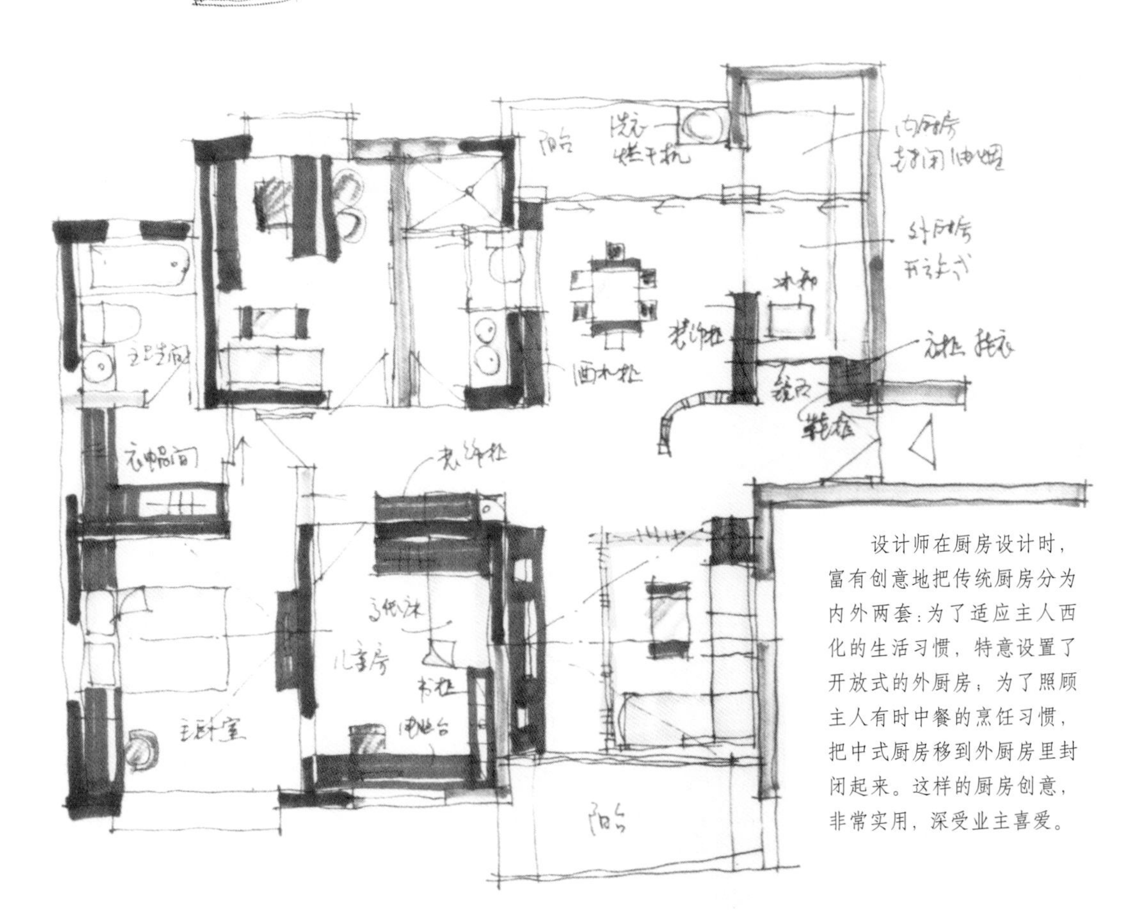

设计师根据蛛网法当场手绘的平面布置图

设计师在厨房设计时，富有创意地把传统厨房分为内外两套：为了适应主人西化的生活习惯，特意设置了开放式的外厨房；为了照顾主人有时中餐的烹饪习惯，把中式厨房移到外厨房里封闭起来。这样的厨房创意，非常实用，深受业主喜爱。

8.设计创意的脑力激荡法

我们在前面介绍的几种方法，多是逻辑性、归纳性的，这是我们一般人都习惯使用的左脑理性思维方式。但这是远远不够的，要让创意尽情发挥，就还要运用“非逻辑性的思考”，这就需要进行“开发右脑”的活动，叫“脑力激荡”，又称智力激励法。这种方法有助于右脑的开发，激活创作潜能。办法是集合一些人，围绕主持人（设计师）所提的中心问题（客户需求），随意发表解决问题的设计意见。参与者可以无拘无束，想到什么就说什么，即使是天马行空，不经大脑的解决方案亦可提出。主持人会把意见摘要写出，在这样互相激发之下，很快大家就能有更多的联想，解决方案将越提越多。

头脑风暴法

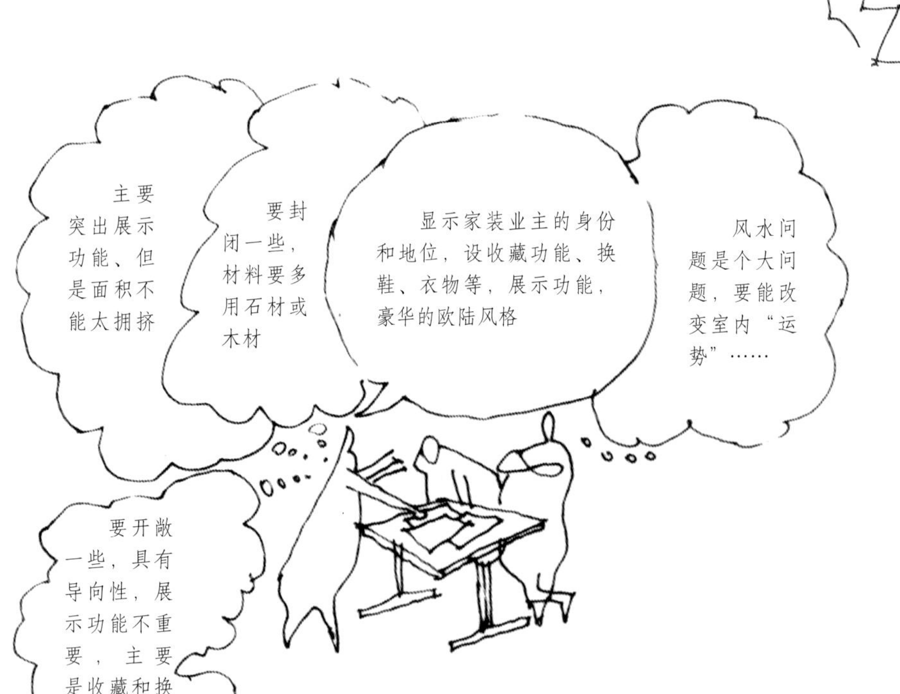

这里有个规则，就是不要马上对提出的创意加以批判、评估。不要说“这设计做不到”，“这设计太贵”，“这设计过去已行不通”，“这设计客户会不接受”之类的话。于是有许多异想天开、创意横溢的念头会被发掘出来。也许在平时难免被视为荒诞无稽的意见，却正是精华所在也说不定呢。

设计师对某家装设计方案客厅门厅设计的讨论

家装设计创意的图解思考法

从前面我们已经知道，这是一种图解构思的方法。设计师有了构想之后，要把设计意念介绍给户主知道，其中主要的一种方法就是利用“构想图”。构想图是指设计师想象建成后的彩色透视图。大部分的构想图都是郑重其事、具有专业水准的。一个设计是好是坏，还需要深入了解才能分出来。但一幅构想图好与否，普通人也可以一眼看得出。因此构想图是设计师与户主沟通的媒介。画得好，户主才会有兴趣看下去，才会放心把工程委托进行。所以设计能否被户主接受、签单成功，构想图的水平好坏起着重要的作用。设计师常常用构思草图来研究和推敲设计方案，不要把所有的想法都堆积在脑子里，随手把设计创意画出来或写出来，从而通过视觉来刺激大脑，是一个激发创意的好方法。

设计师签单实例

原建筑平面图

这是一个小面积住宅，业主是一个在家办公的自由职业家庭。

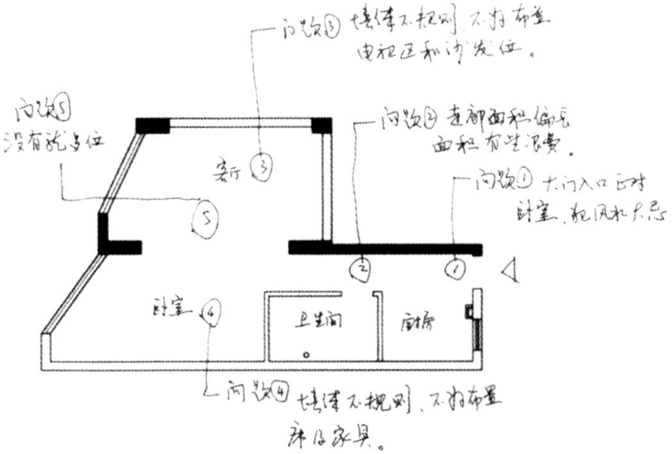

设计图解属于应用视觉思考，必须通过观察、想象、绘图、文字、符号等使思考和图形的形式逐渐形象化，其过程也就是人们常说的边看、边想、边做，常用的方式就是徒手快捷地将图像和符号变为一种能帮助设计思考的内容。徒手方式不局限于某种专门的符号语言，只要明白易懂，不论具象图形还是抽象符号，或者是文字皆可。其方式类似我们对数学题的草图演算，不同的是图解思考只是在进行设计方案的评价、论证、调整、完善时的演算。

1.利用平面布置图进行图解思维

室内设计的核心是室内空间的计划，设计师在对空间计划构想明确之前，应该充分利用图解方式进行各种可行性的空间图式演算、其中包括空间关系、使用功能、尺度形状等。

空间的形式与空间的使用功能有着至关重要的关系，在同一空间内设计师使用的方式可因内容不同而进行选择，有许多设定空间内容的形式与办法，利用图解方式进行各种比较，让设计计划不断得到深化完善，反复对平面空间进行综合安排配置，如判断空间形式划分是否适当，可将设施、家具等物件图形投影在空间平面中，运用徒手图解草图方式拟定出多个方案进行比较。选择其中的最佳方案进行发展深化，在这种比较性草图深化的同时，设计师的思维活动也就逐步展开和深化了。

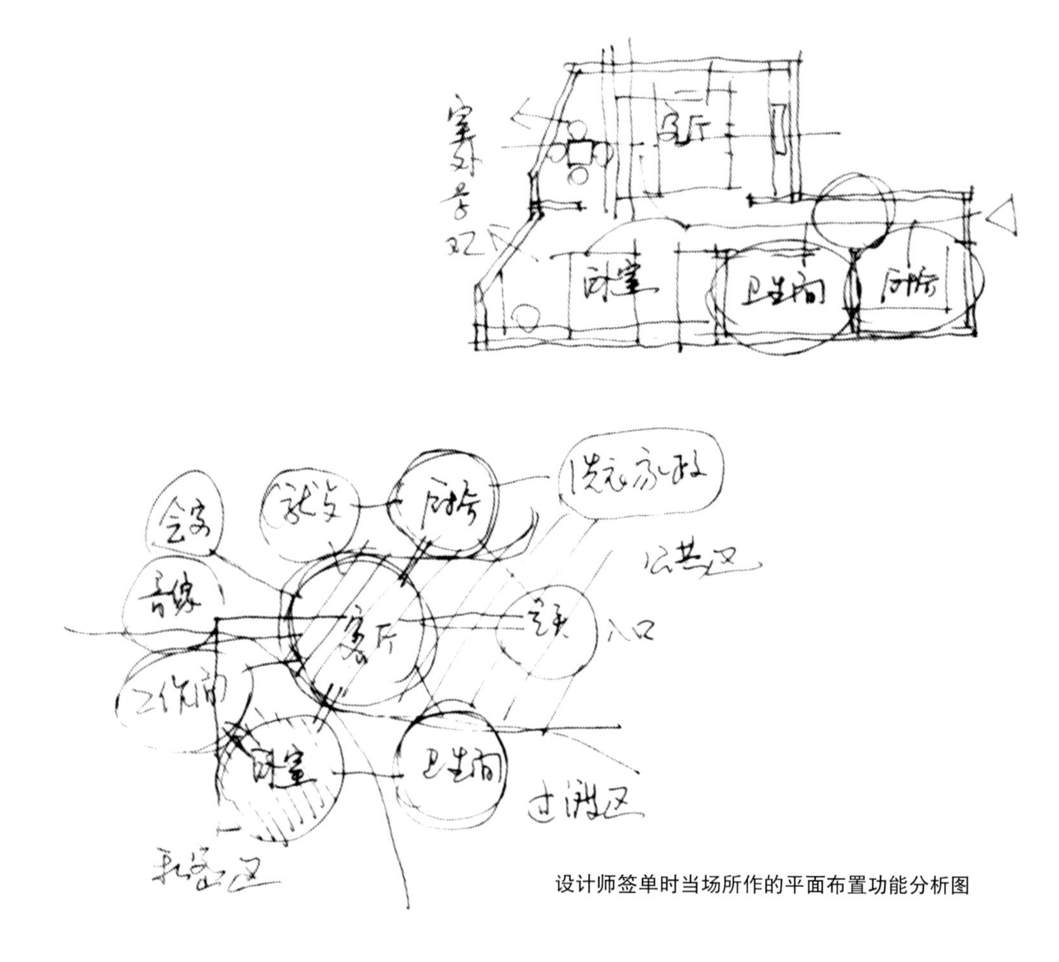

设计师签单时当场所作的平面布置功能分析图

方案1

平面布置格局中规中矩，各功能分区布局合理。

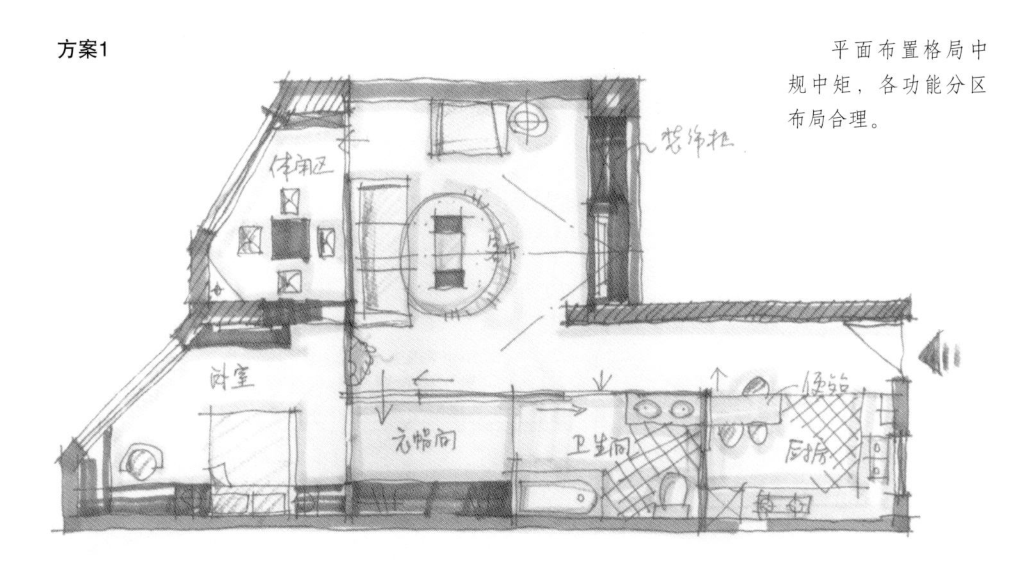

设计师签单时当场手绘的平面设计方案彩色完成稿

方案2

形成较大的客厅空间，书房也满足了业主的需求。

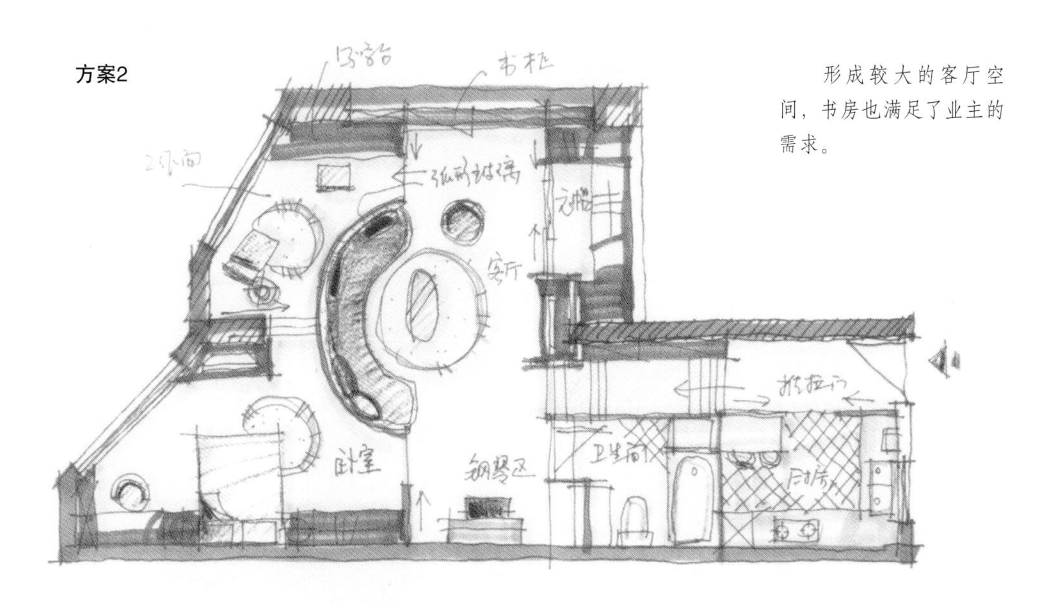

设计师签单时当场手绘的平面设计方案彩色完成稿

方案3

卧室面积较大，并形成相对较为独立的餐厅空间。

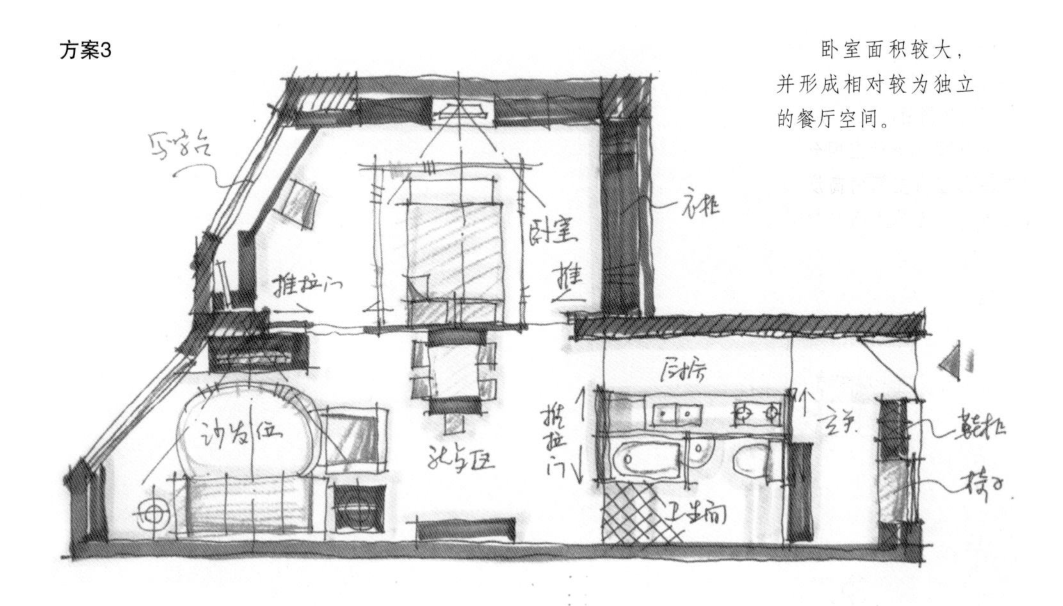

设计师签单时当场手绘的平面设计方案彩色完成稿

方案4

形成圆弧形的室内空间，整个室内充满流动的旋律。

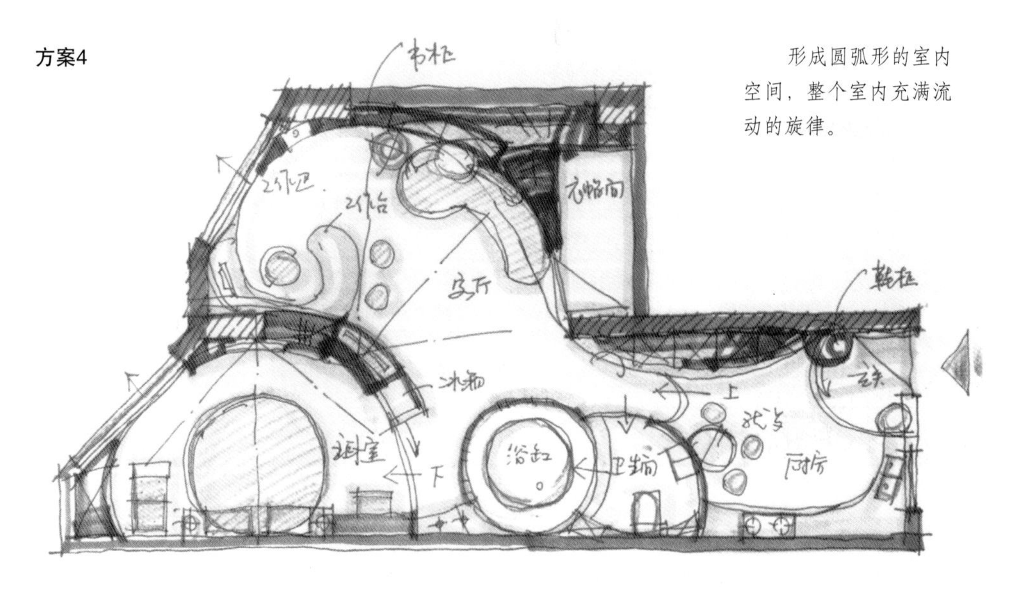

设计师签单时当场手绘的平面设计方案彩色完成稿

2.利用立、剖面图进行图解思维

设计师进行家装设计时从平面布置图认识空间，并利用立面图和剖面图来完善和发展家装室内空间的设计。

设计师在进行空间分析和设计时，应能够从平面图中考虑到室内空间的高度；同时，应能够将立面与剖面同时考虑。因为立面能帮助认识空间的尺度，剖面能帮助认识空间的构造，依靠立面和剖面能很好地构建室内的空间形态。

在利用图解方式对立面和剖面进行设计分析时，设计师可以结合尺寸和材料的说明，使图解中的分析更加透彻。

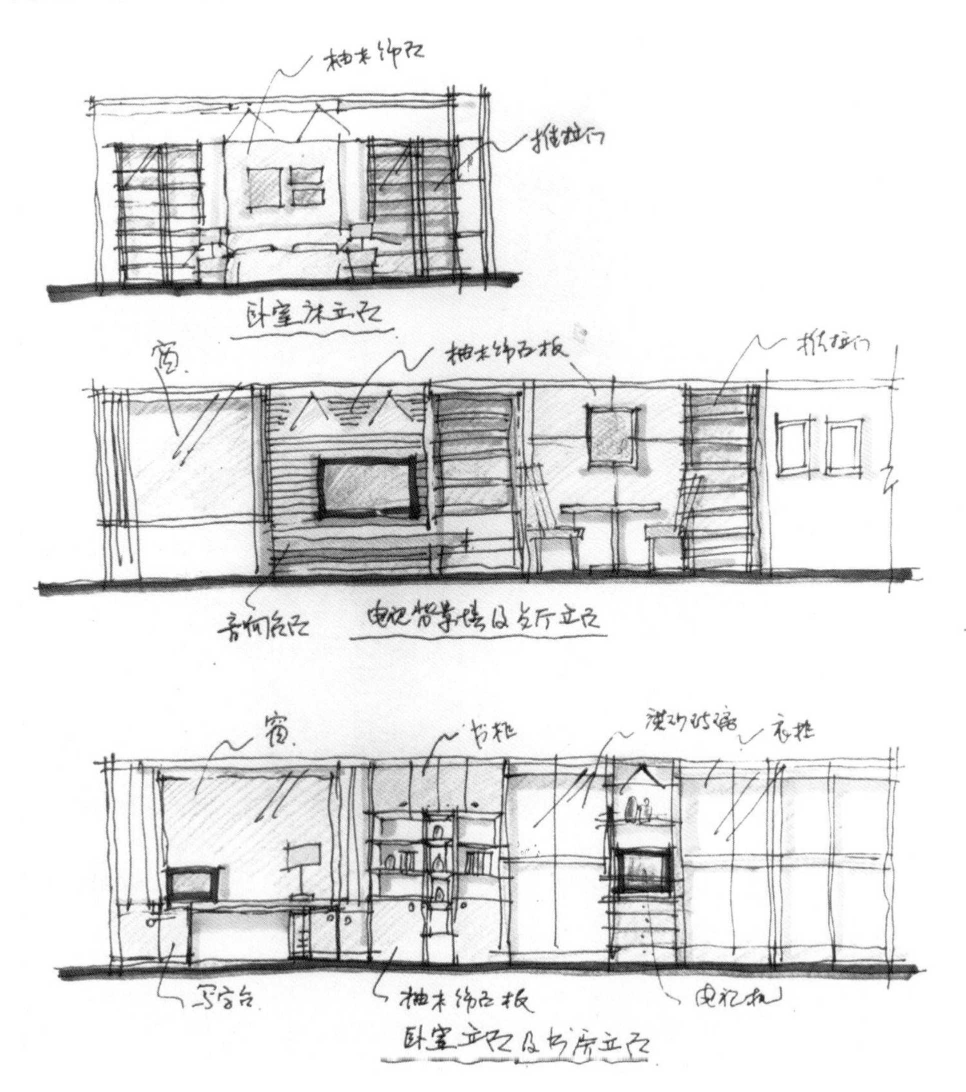

3.利用轴测图进行图解思维

除立面和剖面的大样草图之外，图解的轴测方式也是一种很好的空间观察和分析方式，这种方法同样可以帮助设计师进行设计创意的思维。

这种方式主要是从平面上去建立空间关系，以一种鸟瞰角度去观察空间平面和立面，空间构成关系可以一目了然，并且可以观察一些较为详细的内容。

轴测图解方式是以平面图为基础，再加以60°角的斜置建立垂直竖向的空间形态，这种方式能有效迅速地把握空间整体形态，并且有相对的准确性。

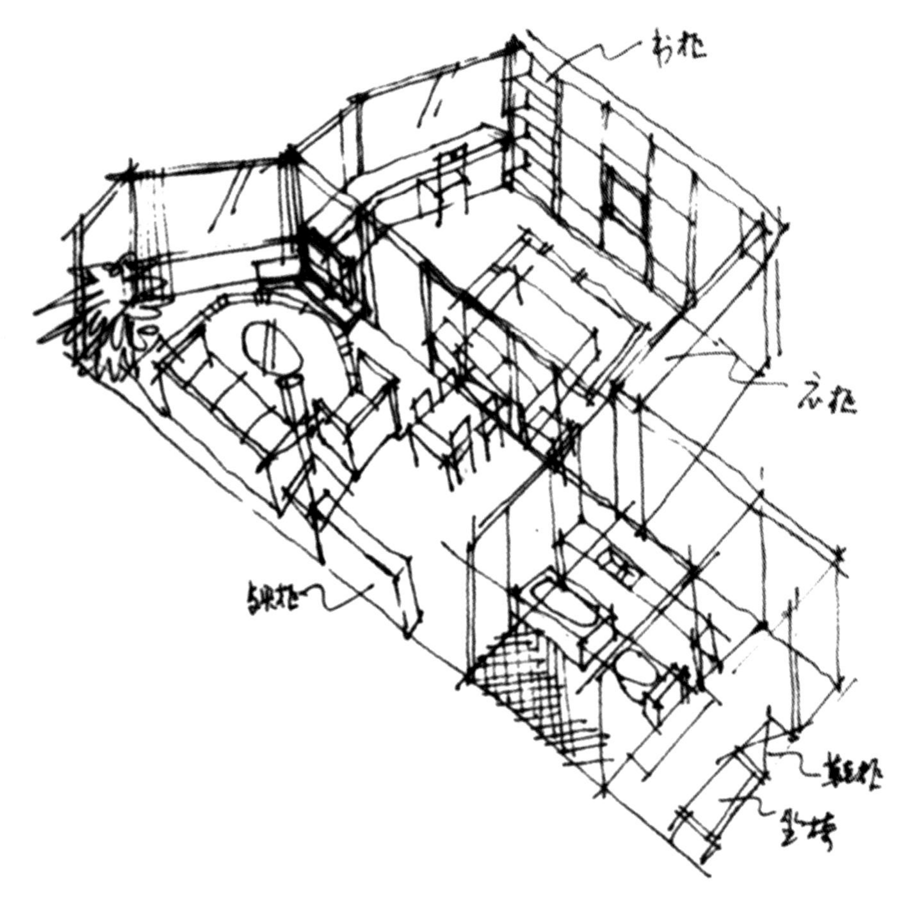

设计师签单时当场手绘的客厅轴测图黑白线条稿

轴测图解虽以草图方式进行，但可以附加文字、符号、标注、数字等，图文并茂的轴测图解方式就更具有说服力。

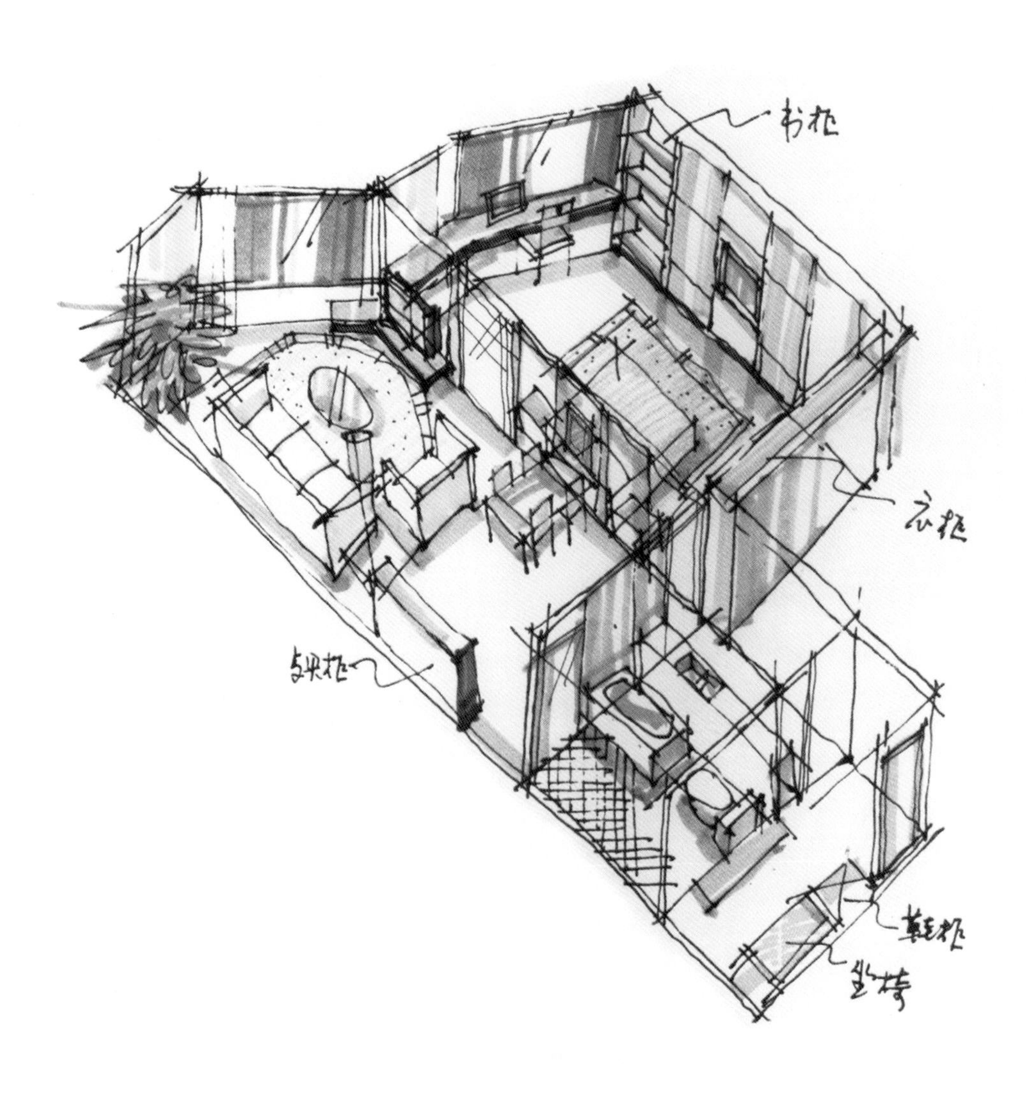

设计师签单时当场手绘的客厅轴测图彩色完成稿

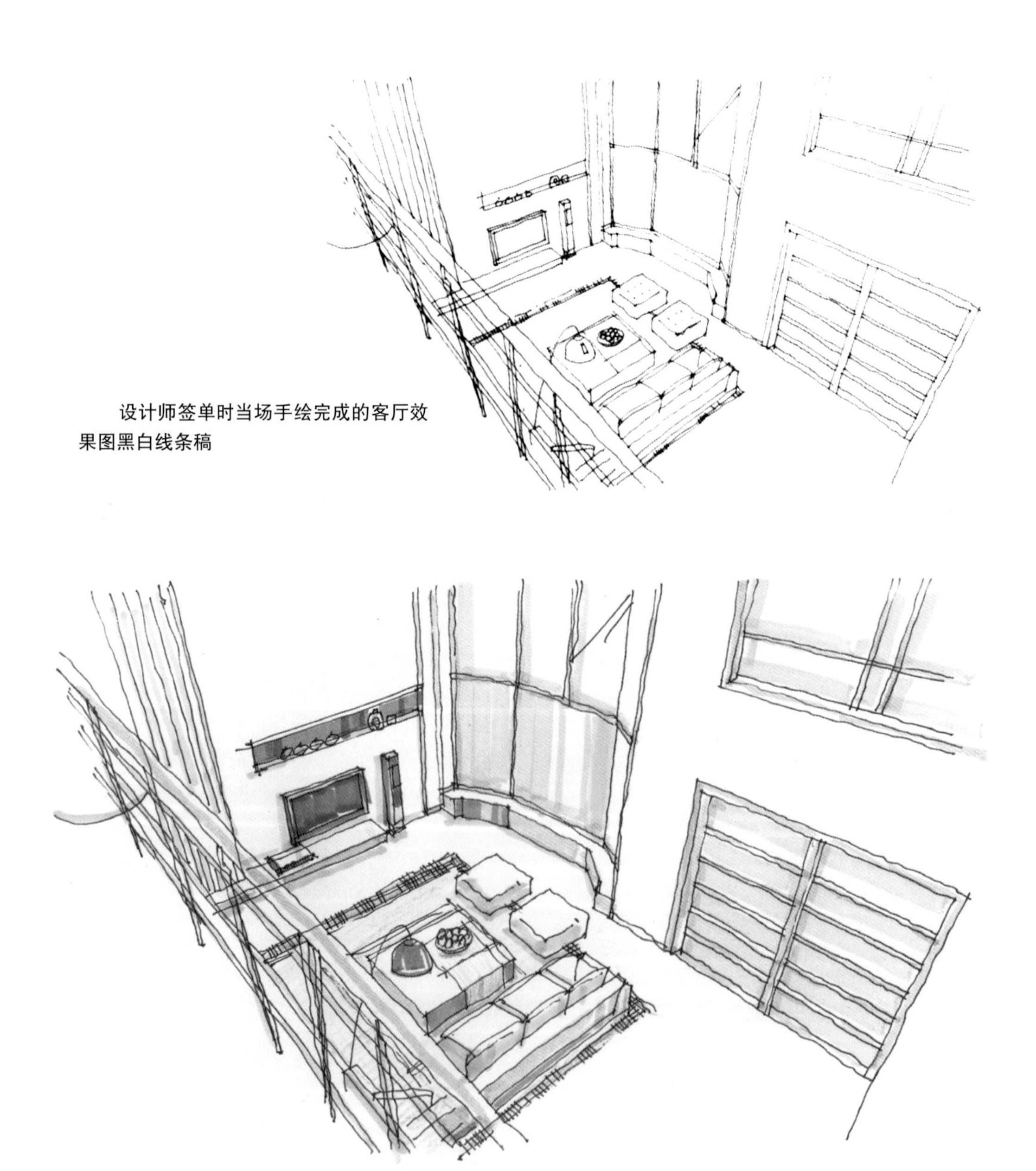

设计师签单时当场手绘完成的客厅效果图黑白线条稿

设计师签单时当场手绘的客厅效果图彩色完成稿

4.利用三维透视图进行图解思维

透视图是描述三维空间的最好方式，在图解方式中通过透视图可以直接观察到空间效果，并利用透视进行设计的调整、充实、编辑，并充分考虑顶、地、墙之间的协调关系，使其更具有空间的统一性。这种方法同样可以帮助设计师进行设计创意的思维。

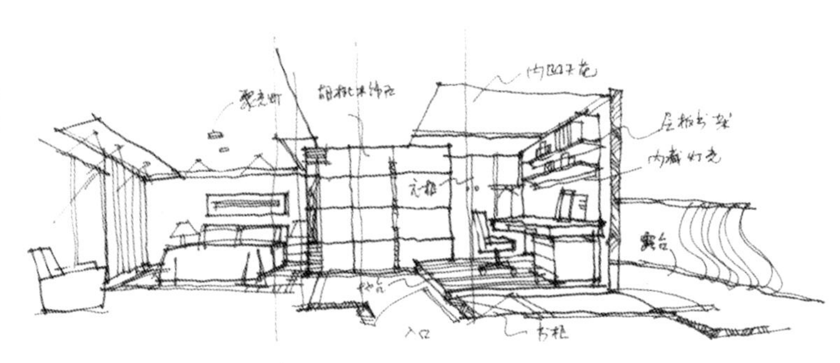

设计师签单时当场手绘完成的卧室效果图黑白线条稿

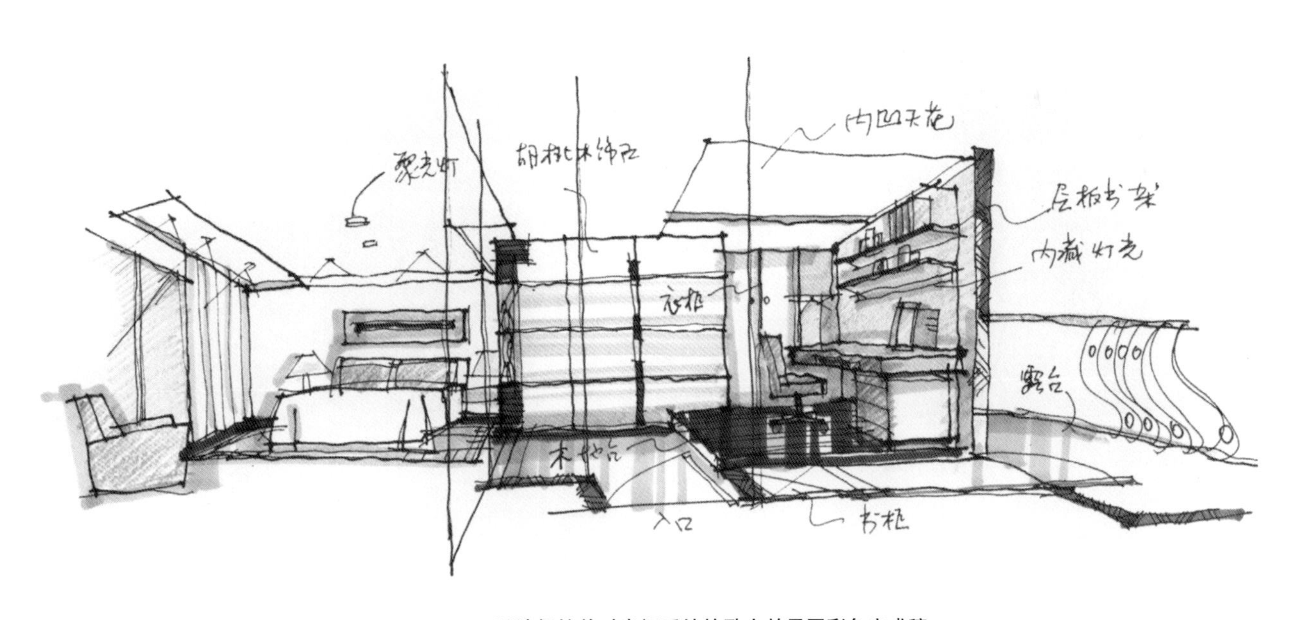

设计师签单时当场手绘的卧室效果图彩色完成稿

透视图解方式可以是很随意的草图形式，其目的是为了帮助设计师对空间进行观察。为了对空间观察得更加深入细微，通常还可采用较为直观透视的方式。

透视图解同样可以用文字、数字、符号等补充说明内容。

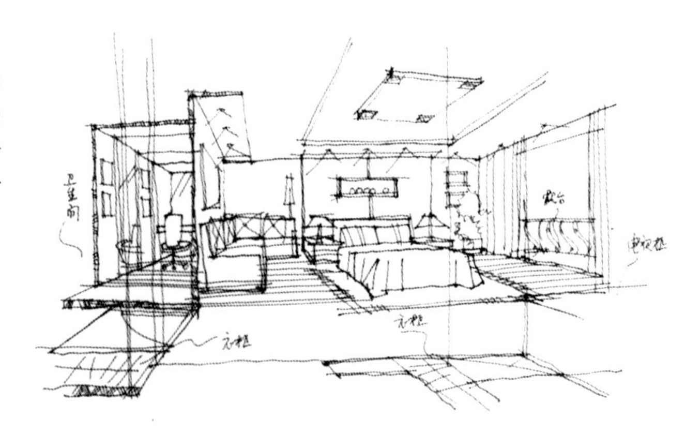

设计师签单时当场手绘完成的卧室效果图黑白线条稿

设计师签单时当场手绘的卧室效果图彩色完成稿

第二章
家装格局策划与创意
——从格局策划看创意与手绘表达

几乎原有的建筑平面图都不能完全满足家庭对装修的要求。设计师必须从家装客户买房开始，就帮助家装客户对原有空间格局进行合理的规划和调整，通过装修来满足每个家庭特殊和具体的需求。

带着装修的眼光帮客户买房

买房和家庭装修是成就一个美丽家园的步骤，设计师一般都是等家装客户买了房再考虑装修问题。如果设计师能在家装客户看房选房时，带着装修设计的眼光来帮客户看房，那么，既能帮家装客户买到好房子，同时家装设计的签单也会更顺利。

家装设计师不是房屋中介商，陪同要装修的家装客户看房，是设计师专业服务之外的额外服务。设计师可以先把打算购房的装修客户的装修意向谈好，然后让他

学习要点

1.带着装修的眼光帮客户买房
2.三房装修格局破解与手绘表达
3.大户型装修格局破解与手绘表达
4.超小面积户型装修格局破解与手绘表达
5.复式房装修设计格局破解与手绘表达

们自己先行去看房，再提出设计师陪同看房的要求。

这是一种新的装修方式，也是一种非常实用的家装设计签单方式。这样设计师就能帮助家装客户买到能够保值升值的好户型。比如，有时一些格局不良的房屋往往价格较低，能不能买呢？家装客户看楼选房时有设计师帮助看房屋装修后效果，就能买到既实用又不落伍的房子；或者可以说，格局不良的房子，通过装修仍旧可以改善，但改善的方法以及所需的装修费用，在买房前必须帮助家装客户考虑清楚。

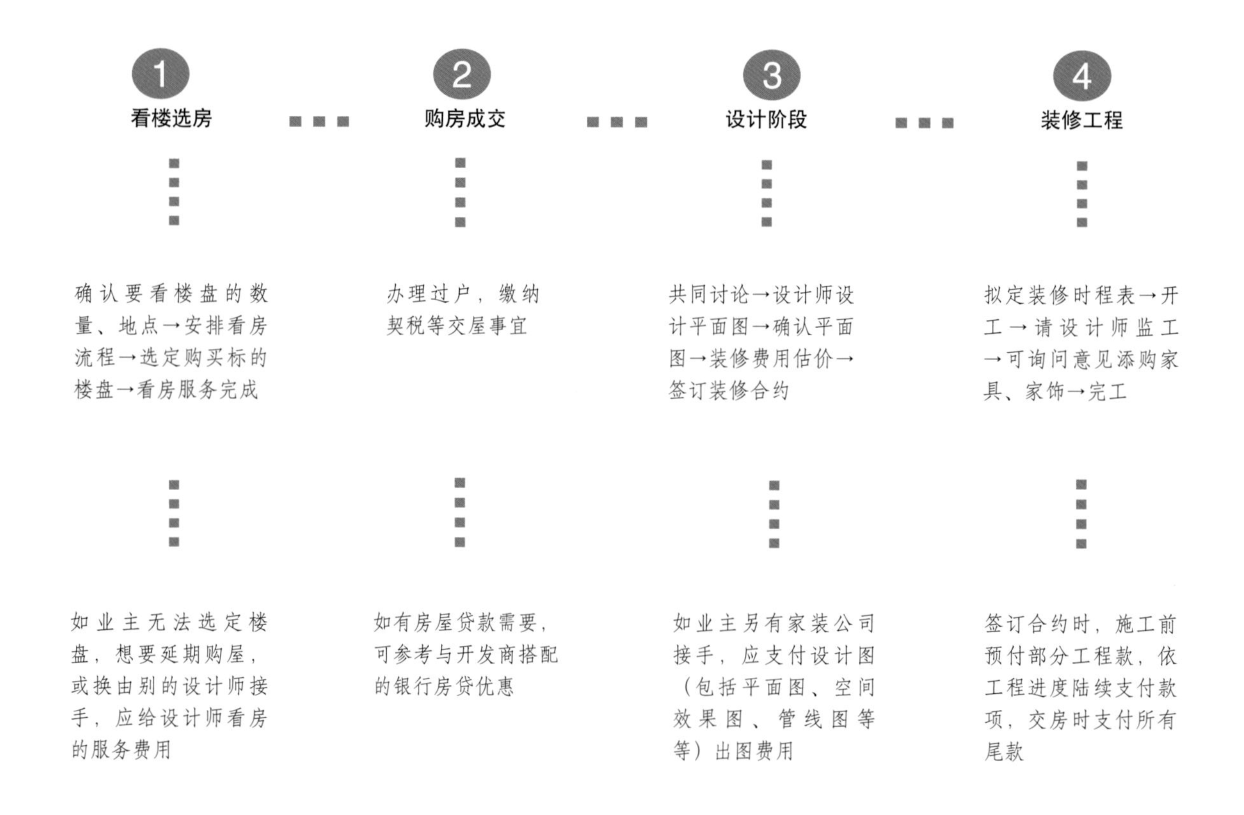

1
看楼选房
2
购房成交
3
设计阶段
4
装修工程
确认要看楼盘的数量、地点→安排看房流程→选定购买标的楼盘→看房服务完成
办理过户，缴纳契税等交屋事宜
共同讨论→设计师设计平面图→确认平面图→装修费用估价→签订装修合约
拟定装修时程表→开工→请设计师监工→可询问意见添购家具、家饰→完工
如业主无法选定楼盘，想要延期购屋，或换由别的设计师接手，应给设计师看房的服务费用
如有房屋贷款需要，可参考与开发商搭配的银行房贷优惠
如业主另有家装公司接手，应支付设计图（包括平面图、空间效果图、管线图等等）出图费用
签订合约时，施工前预付部分工程款，依工程进度陆续支付款项，交房时支付所有尾款

带设计师看房 · 装修工作流程

关于户型格局与装修的关系，前面已经介绍过，我们这里再总结一下。

当购房家庭要装修时，首先看到的是一张空白的原建筑平面图，这是我们分析和研究楼盘户型的基础（尤其是预售楼）。

一般来说，原有的建筑平面格局都不可能完全满足购房家庭的要求，这是因为，每个购房家庭的要求是不同的，而原有的建筑空间是房地产开发商为满足一般家庭用户公共的需求设计的，再加上一些开发商的户型建筑设计本身就非常不合理，甚至很难满足基本的使用要求。

因此，装修家庭首先需要对原有建筑图纸所反映出来的户型结构进行合理的分析和研究，进而合理的规划和调整，看看是否能经过装修的调整来满足每个家庭特殊和具体的需求。

有的户型客厅很大，但是因为门很多，而且分布不合理，因此很难布置，不实用，且闲置空间多，浪费很大；有的客厅窄而狭长，视听距离不够；有的客厅为所谓的“钻石型”，很难定位视听区和会客区，等等。

如有的卧室，尽管空间很大，但连一个衣柜都很难找到合理的位置；又如洗手间，也常常遇到难摆放的问题。

这都是从使用功能的方面来考虑的。

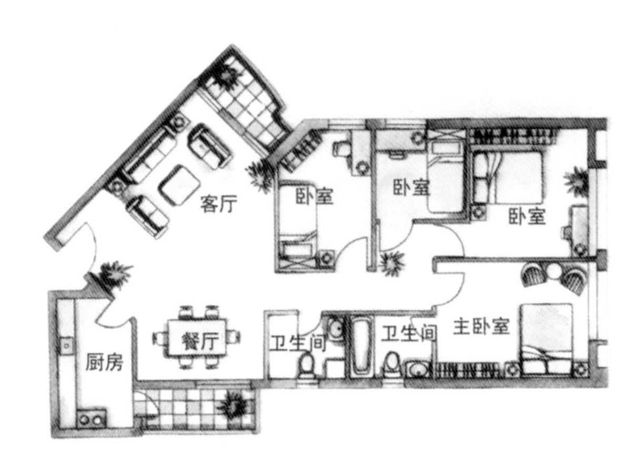

某高层四房两厅两卫户型格局平面图

有些户型客厅尽管看起来较大，但实际上却很难用。

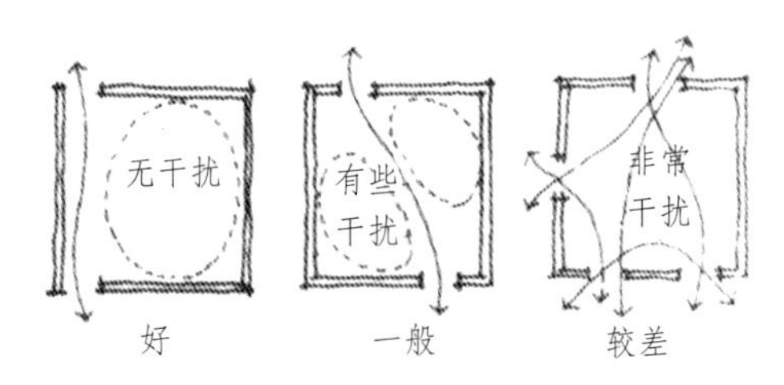

注意客厅的开门位置和方向

客厅一定要注意空间相对独立和完整，其中开门方向与空间的实用性关系非常密切，如果人流干扰过大，则空间就不完整，尽管看起来面积很大，但实际却很难实用，不好布置家具，客厅的功能也很难保证。

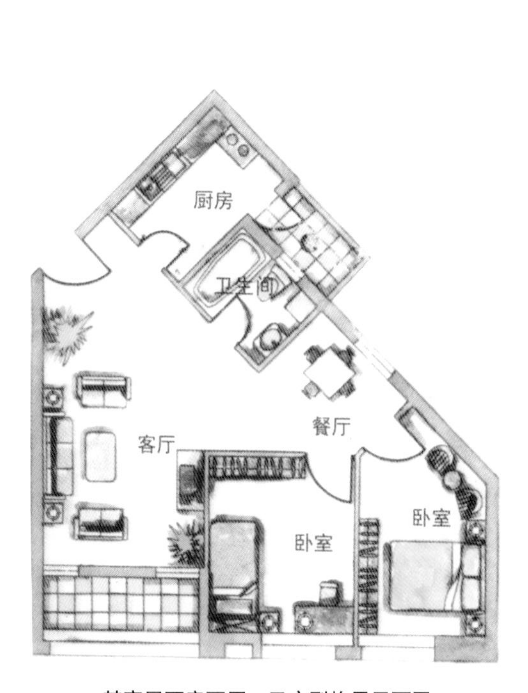

某高层两房两厅一卫户型格局平面图

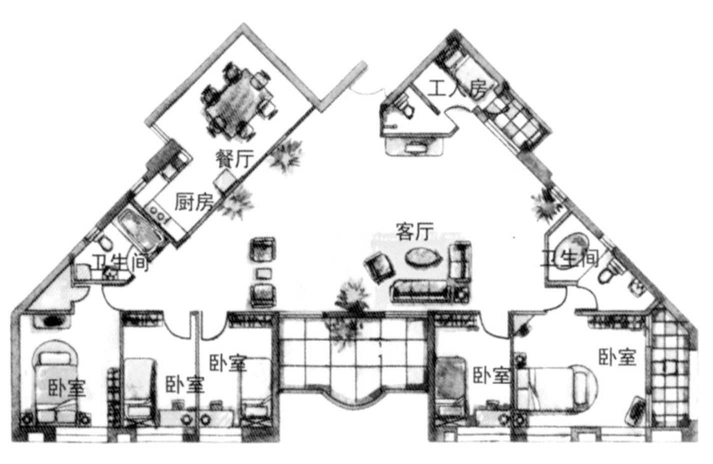

某高层五房两厅三卫户型格局平面图

这些都是比较典型的高层“钻石型”户型。

因为墙体呈锐角、钝角，不符合人们活动的生理和心理要求；而且房间棱角过多，给家具的布置也带来一定麻烦，如客厅很难布置沙发位和电视位。

有时，需要根据外围环境、建筑特点、使用功能等多方面入手。

例如，住宅直接面对的是一片绿茵的草坪、湖面或海景，我们往往会首先从这里考虑；反之，如果正对窗户是一排排住宅，那么就会首先从避免视线的干扰来考虑；同样，噪声问题、采光问题、朝向问题等，这些客观因素都会制约着我们装修的想法。

如窗位、梁位、柱位、剪力墙等，这些都是不可改动的，建筑结构也会影响我们的选择。如沙发、床顶上有条梁，那么必须处理好这个梁，使它既不影响空间的使用，又能产生美感。

对于面积比较小的房间，为了满足需要，有时往往要从弹性空间和竖向空间的理解上去考虑，如书房兼客房，客厅兼餐厅，等等。

左图中，餐厅上方原来有一个梁，使得餐厅空间很不舒服。因此，设计师在梁下做一个椭圆吊顶，很好地调整了原建筑结构带来的空间问题。

设计师签单时当场手绘的餐厅效果图彩色完成稿

左图中，餐厅上方原来有一根梁，使得餐厅空间很不舒服。因此，设计师把梁结合吊顶一起处理，很好地调整了原建筑结构带来的空间问题。

设计师签单时当场手绘的餐厅效果图彩色完成稿

此外，也要考虑空间的效果，这更多的是从视觉艺术的角度来考虑的。例如，会客和视听空间的形成，视觉中心或趣味中心的位置，各功能空间的长、宽、高比例和形状给人的感觉，视线和动线的流畅、合理，空间的限定与分隔，空间的序列与过渡，以及小空间和角落的利用，等等。

设计师签单时当场手绘完成的餐厅效果图黑白线条稿

这是一个从艺术角度调整空间的实例。虽然客厅和餐厅共享一个空间，但是经过设计师的处理，分别为客厅和餐厅精心设计了一个视觉中心（背景墙面），再加上各自顶面和地面的处理，使得会客和就餐空间各得其所，充满艺术魅力。

设计师签单时当场手绘的餐厅效果图彩色完成稿

三房装修格局破解与手绘表达

1.三房的装修怎样设计才能更舒适？

基本三房最迷人之处在于它的面积正好符合小家庭使用，而且规划上也较具弹性。格局可三房，可二房，可一房，完全看使用者的需求而定。

要拥有一个好的空间功能，户型格局的好坏是相当重要的因素，因此，装修时首先要调整好空间格局。然而，你知道什么样的三房是好格局吗？三房装修的家庭，一般不是新婚就是有一两个小孩，而且在经费的预算上也比较紧，所以，每一处空间都可以被充分利用的小三房，是好格局的必要条件。

①空间使用面积合理

标准的三房使用面积约90m^2，90m^{2}以下的房子是只能算是经济型三房，但最好不要低于78m^2。如果不足78m^{2}可考虑牺牲掉其中一房，与其他房间合并；如果硬隔成三房，住起来会很不舒服。

②空间动线要流畅

使用面积78～90m^{2}标准的三房，因为空间有限，经不起浪费，在空间规划时就要更为精简，所以动线的问题要特别注意，要避免走道或者四处开门的厅产生，维持动线的流畅，这样空间不但可以变得开阔，住起来也比较舒适。

③空间具有弹性

三房多为小家庭首选，都是即将或刚成立的小家庭，所以在空间规划时，最起码要预留一个类似书房或客房的弹性空间。如果有小孩时需要兼作保姆房，老人来住也可以兼作父母房。

三房两厅客厅实景照片

设计师签单实例

这是一个经典的三房两厅两卫户型，几乎没有什么太明显的缺陷。

该户型依托整体的流畅动线布局，户型方正实用，面积分配和布局合理；因为是比较流行的“板式高层”结构，南北通透，在南方地区有很好的“穿堂风”。

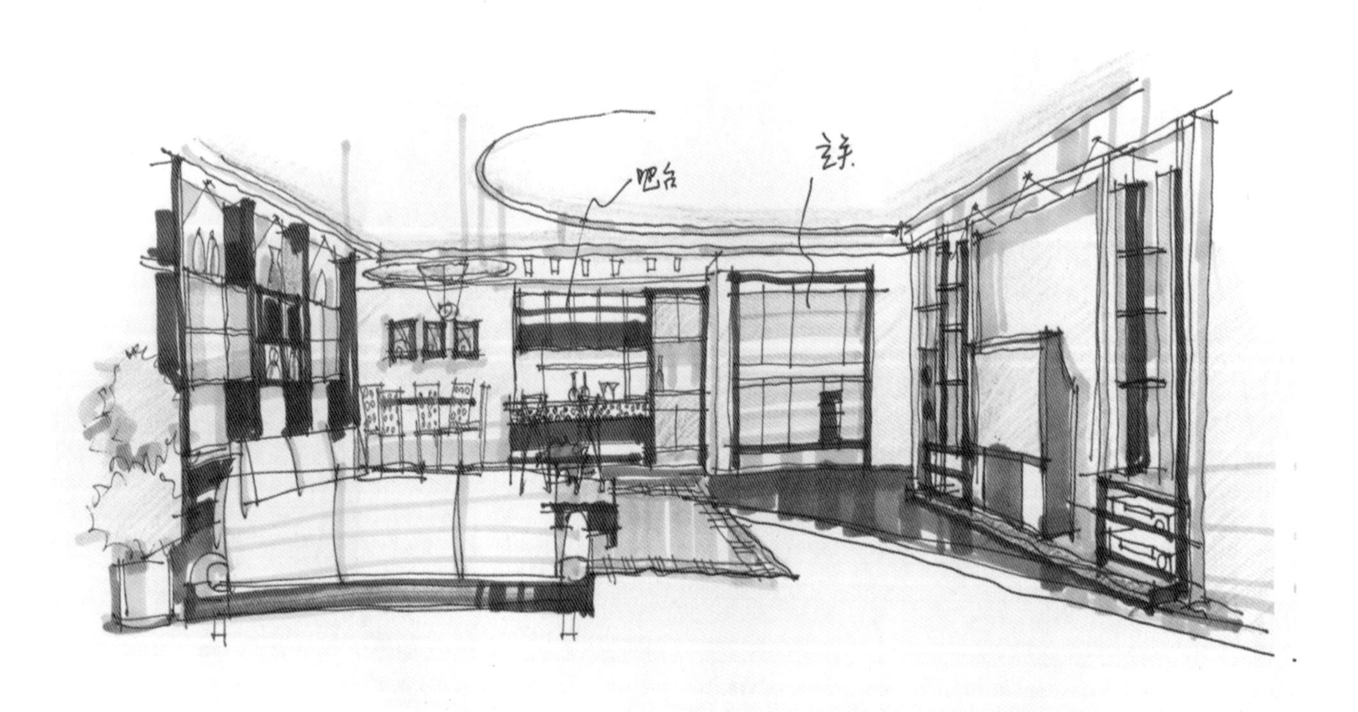

设计师签单时当场手绘的客厅效果图彩色完成稿

入口留有门厅位，避免了许多户型中常见的风水问题；客厅、餐厅呈“袋形”格局，空间相对独立，自成一方，减少了动线交叉干扰；客厅和餐厅的功能分区由中间通道自然过渡分区，是最理想不过的了；客厅带一个景观阳台，更显得宽敞舒适；主卧室带有独立卫生间，是生活质量提高的标志，各卧室都有宽大的外飘窗，格外引人注目。工人房的设置，大大方便了有孩子或老人的家庭，其位置合理，自带卫生间也比较方便。

该户型的不足之处是公共卫生间没有窗户，是个“暗室”；此外，厨房没有一个生活辅助阳台，使用不太方便。

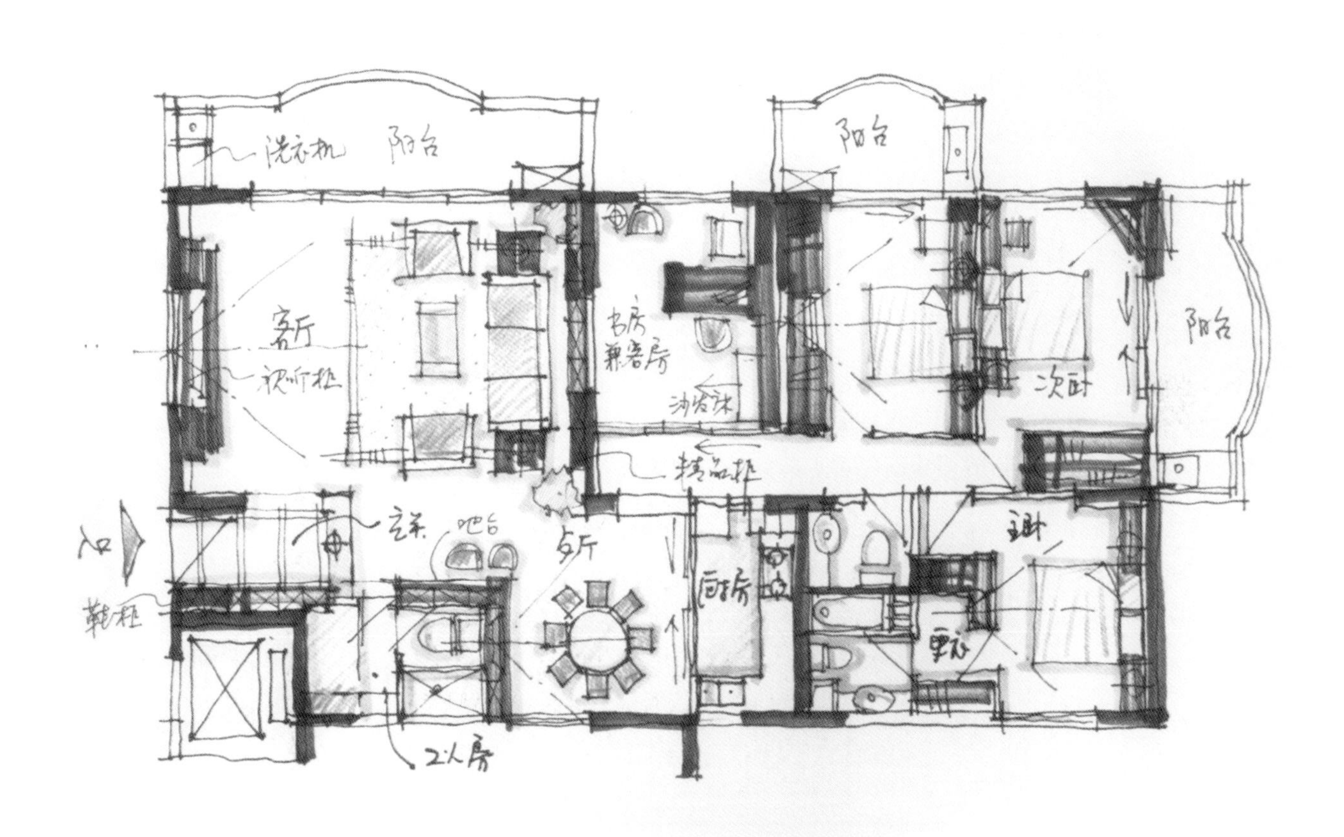

设计师签单时当场手绘的平面布置图彩色完成稿

2.三房装修怎样设计才能更省钱?

基本三房的格局最适合一般新婚小家庭，夫妇俩或者加上学龄儿童。房间基本规划为主卧室、小孩房、书房或者共同起居间。装修预算主要在基本收纳木作，其余为活动家具及生活杂物。

基本三房的客厅与餐厅格局，多半合并为一个长型的大空间，面积约30～35m^2。客厅与餐厅之间的整体规划最为重要，宜用简单的视觉装饰，利用顶棚、地面造型或线条、活动家具（例如沙发或餐厨矮柜）作为空间限定，分隔出会客和就餐空间，保留视觉的开放性。

装修公共区域简单地装修一下墙面、顶棚、地板即可，把预算花在可表现风格的家具上，例如沙发、灯饰、餐桌等大件重点家具；如果再讲究一些，就把电视后或沙发后的主墙面再重点装修一下就更好了。但是一定要注意造型和色彩的风格搭配，尤其是色彩，地面、墙面和沙发等家具的色彩一定要仔细斟酌才好。

有小孩的家庭，需要留意小孩的成长过程，每个阶段的生活需求会改变。例如婴儿房，经过三年后必须添加更充足的学习功能与收纳空间，所以要预留小孩成长所需的空间。如果有一个小孩以上的生育计划，更需要仔细评估各房间使用功能的机动性，避免太多的固定式装修，以适应生活机能的改变。

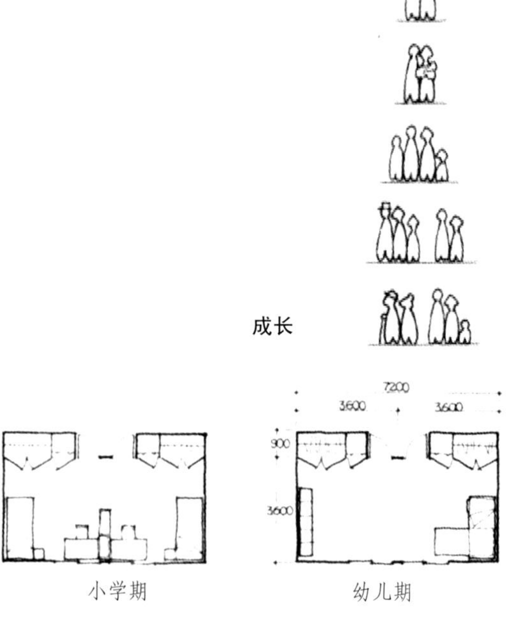

儿童房随成长的变化，空间也随之变化

设计师签单实例

原建筑平面图布局基本合理，主要的问题是客厅面积相对比较小，电视的视听距离不够。中间过道过于狭长，浪费面积。

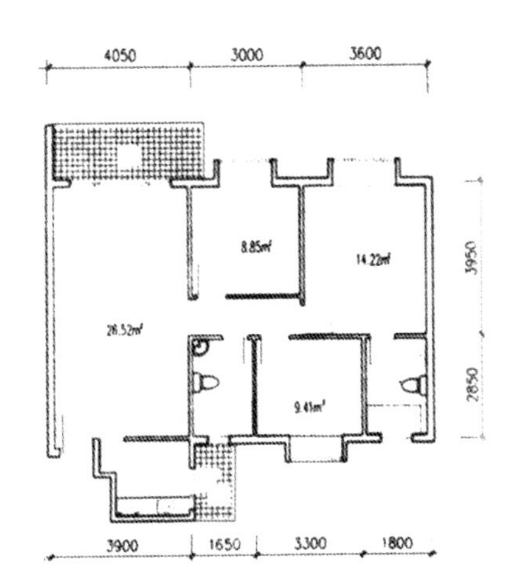

原建筑平面图

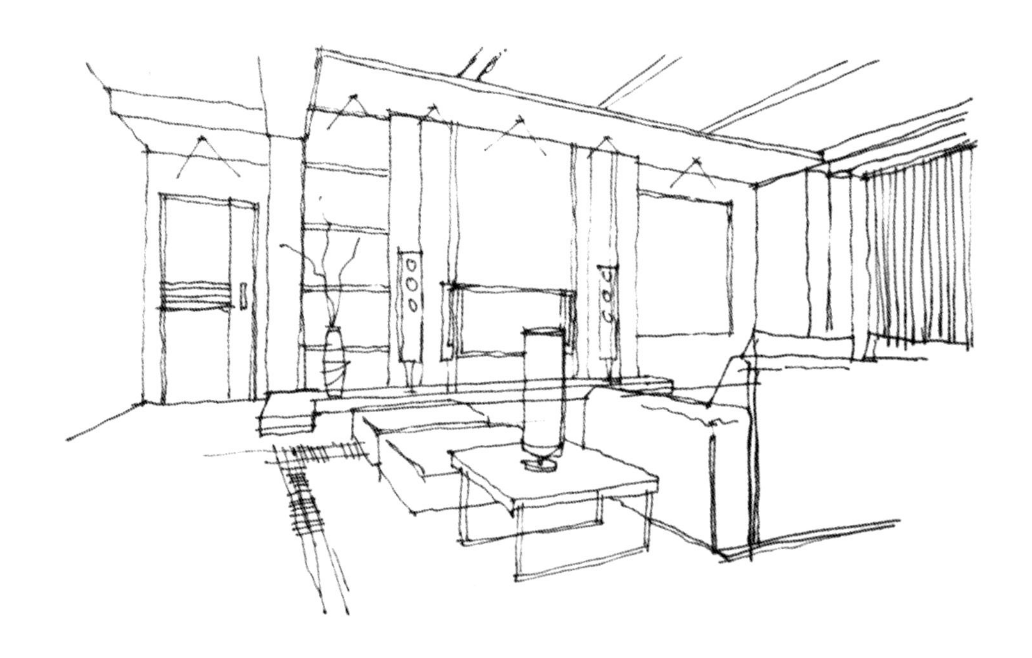

设计师签单时当场手绘完成的客厅效果图黑白线条稿

这是一个常见的平面户型。在面积紧张的城市住宅中，能通过设计使原有空间，特别是客厅空间显得“大”一些，是一些家装客户的共同要求。设计师除了对客厅空间作实质性调节外（如改变别的房间功能用作客厅来扩大客厅的面积），还可以采用非实质性调节来扩大客厅的面积，如通过改变墙体的位置、色彩和材料来调节，使空间产生流动和渗透，从而产生心理上的、视觉上的空间扩大，无疑是一种很好的处理方法。

设计师把客厅的墙作了改动，既扩大了视听距离，也使电视主墙面更加新颖别致；同时，书房靠过道的墙作推拉门处理，改变了走道狭长感；卫生间靠客厅墙角作一些处理，使得客厅空间更加完整、顺畅。

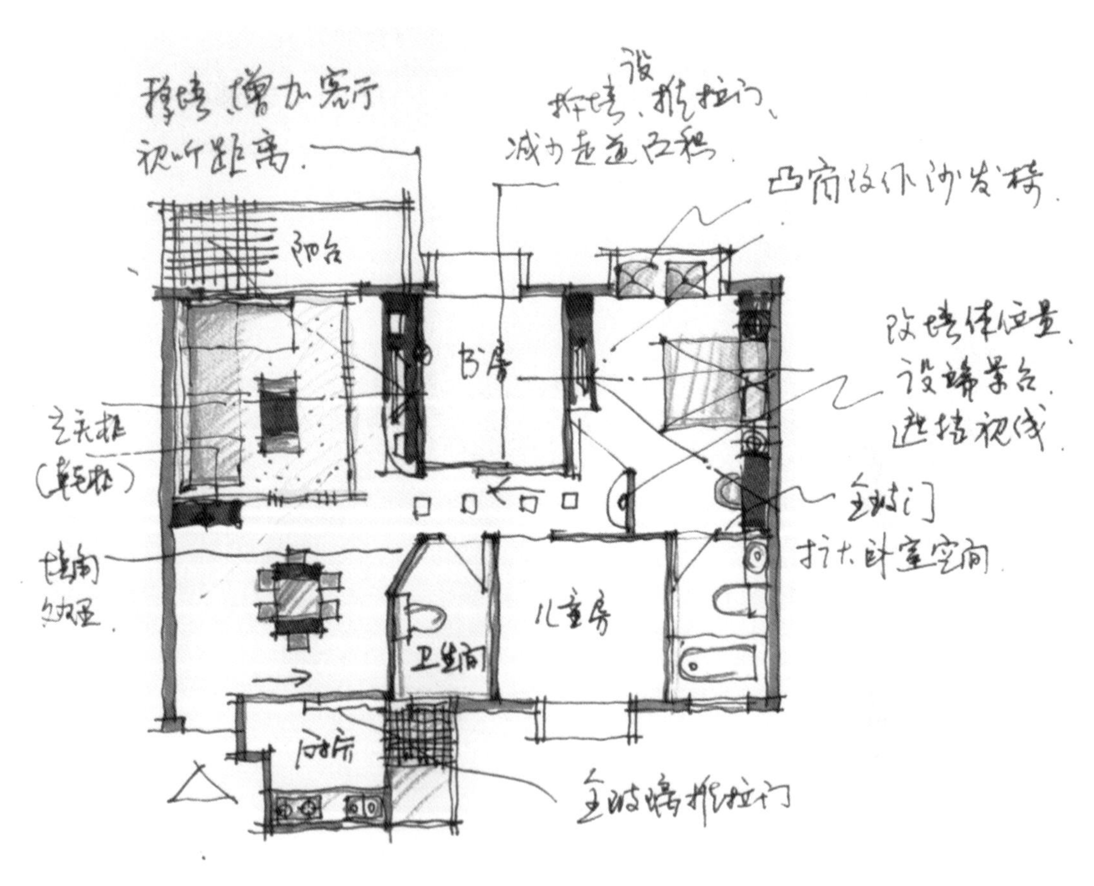

设计师签单时当场手绘的平面布置图彩色完成稿

设计师签单时当场手绘的客厅效果图彩色完成稿

3.三房装修怎样进行面积配置才更合理?

三房受人喜欢的原因是因为使用弹性大，三房可以变成两房，也可以只作一房。破解的原则是，根据家庭生活方式的需求，该大的地方大，该小的地方小。

如果是夫妻两人居住的空间，只要配备两房就够了，其他房间可空出来，视家居生活的要求而做设计。比如在上例中，主人更动了原有格局，将一个房间打开，改成开放式的书房，不仅减少了走道面积，同时也扩大了客厅的面积。

又如在下图中，把走道和主卧室的门做了调整，既扩大了卧室的面积，又减少了走道的面积。

设计师签单实例

这是一个三房两厅的户型，从原建筑平面图中可以看出，主要存在的问题有两个方面：一是空间面积分配问题，主卧室面积偏小；二是风水问题，入户大门直对阳台门，同时卫生间位于大门入口处，这都是风水上的大忌。

设计师在为该家庭做装修设计时，充分考虑了这些问题，并在空间上作出了相应的调整，并做出了设计草图。

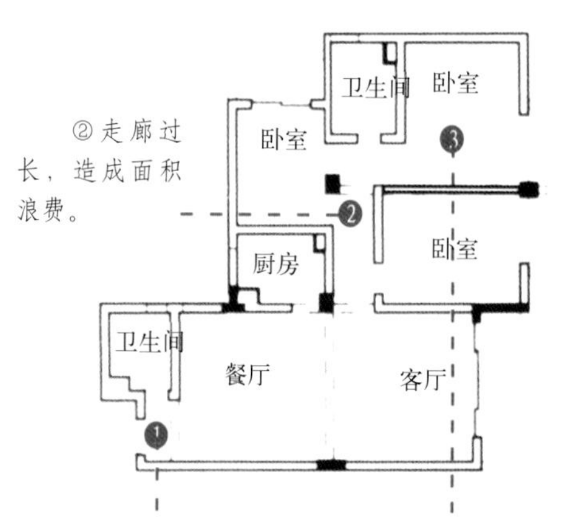

①卫生间开门在入口，同时大门直对窗外，都是风水大忌。

③主卧室面积偏小，储藏面积不够。

原建筑平面图（建筑面积98.32m^2）

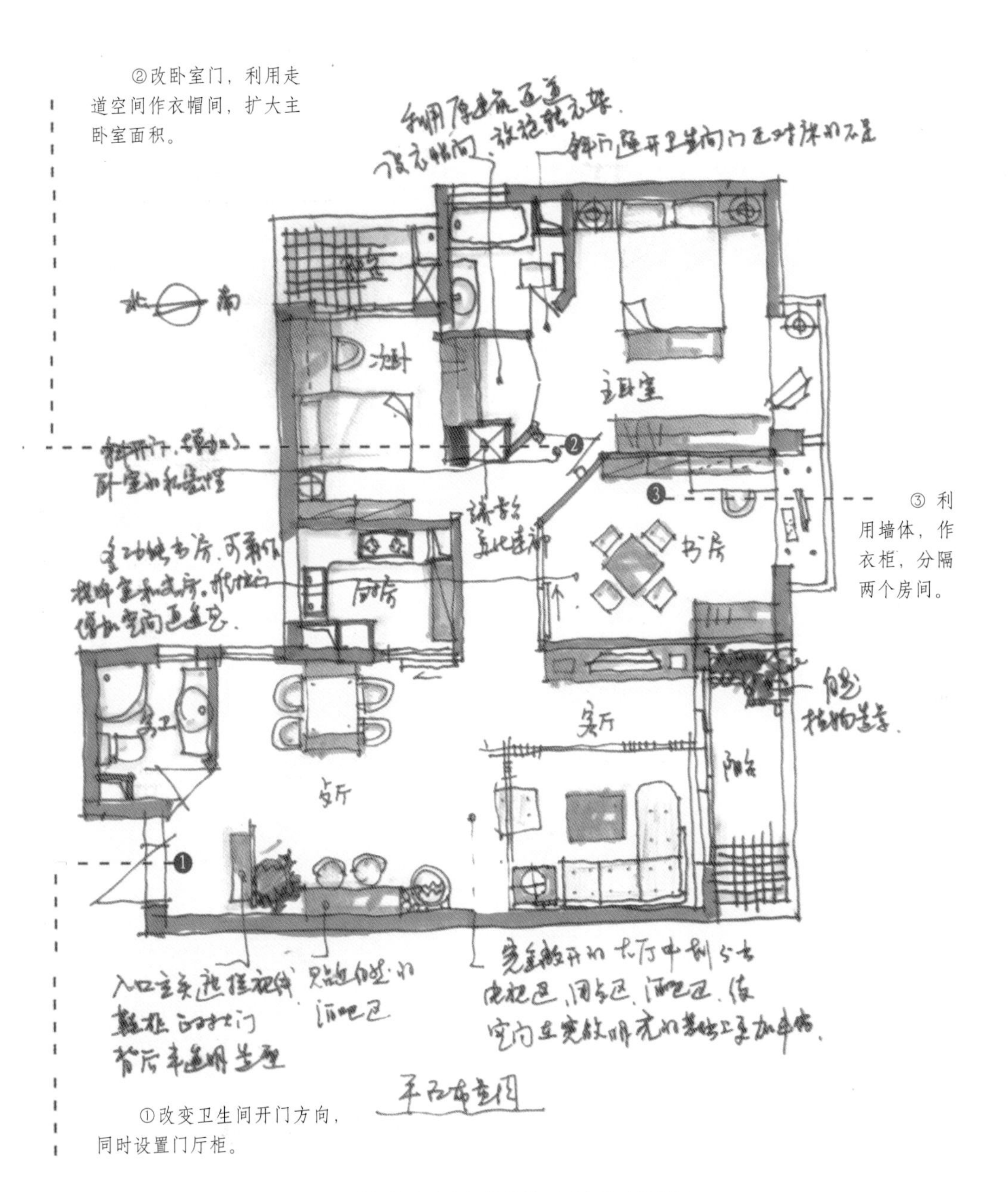

②改卧室门，利用走道空间作衣帽间，扩大主卧室面积。
③利用墙体，作衣柜，分隔两个房间。
①改变卫生间开门方向，同时设置门厅柜。

设计师签单时当场提供的平面布置手绘草图

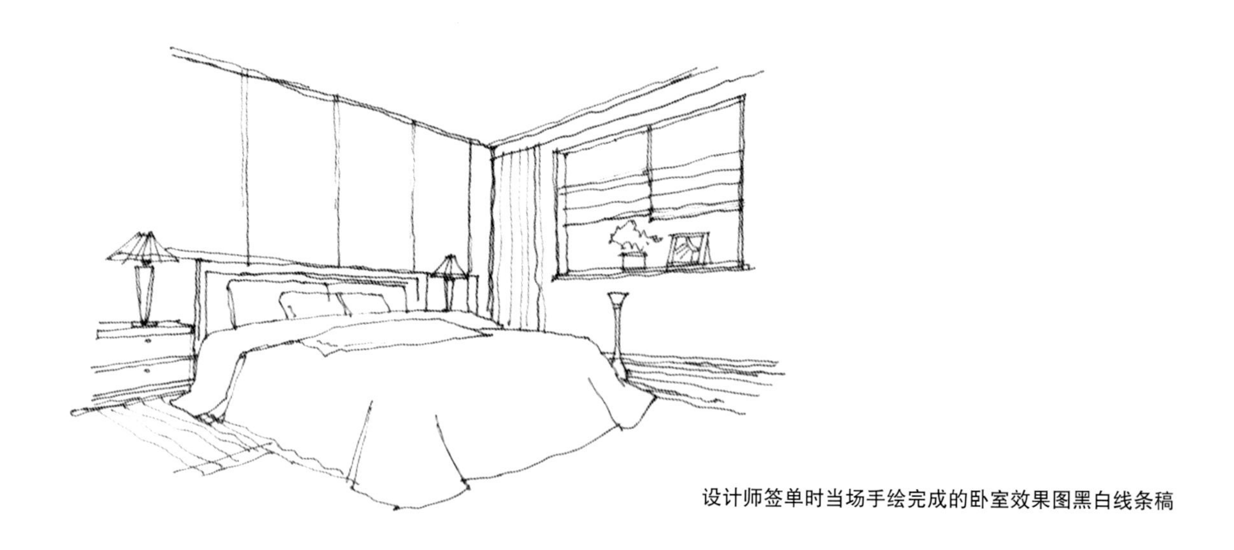

设计师签单时当场手绘完成的卧室效果图黑白线条稿

设计师签单时当场手绘完成的餐厅效果图黑白线条稿

设计师签单时当场手绘的餐厅效果图彩色完成稿

设计师签单时当场手绘的卧室效果图彩色完成稿

4.三房装修风水问题破解技巧

“装修看风水，好运在身边。”终于有经济能力买一个属于自己的温馨的家之后，除了希望可以带来舒适的居家生活之外，很多人也相信，一个房子如果有好的风水，还可以提升自己的运势。

一个标准三房有哪些风水问题要注意？住进去后不仅不会让运气不好，还可以财源滚滚来，事业、人际关系、爱情……事事顺利。在家装设计签单时，如果设计师能掌握一些风水知识，从风水的角度来谈设计问题，那么客户都会很容易接受，签单的成功率也会很高。

设计师看家居风水，通常以外部环境为第一优先考虑，然后才会注意室内条件。由于外在环境无法随心改变，很难完全免除伤害，所以设计师帮装修家庭看房时绝对要谨慎。内部的风水问题也相当重要，一些外部和内部的风水问题可以用“制、化”的方法去克服。

人们希望神位可以保佑一家平安

家中有水可以带来财运

3房2厅户型常见格局风水问题及破解方法

三房常见风水问题	三房户型常见格局风水缺点	破解方法
中心点在屋外（如弧形、L形），不宜住	房子的中心点在屋外，就像一个人的五脏六腑暴露在外，想要过的舒服，实在很难	在风水上很难破解，最好别买这样的房子
厕所，楼梯如果在中宫、不宜住	中宫是室内所有气的集中点，宜静不宜动，厕所、楼梯如果在中宫不宜	在风水上很难破解，最好别买这样的房子
门厅方向不理想，直接看穿室内或窗外，同时还较阴暗	进门门厅要明亮舒畅，门厅是影响全家情绪和聚财的地方，在造运法中是抢气、求财效果最佳的地方	如进门方向不理想，可用隔墙、屏风改变方向，进门摆放一个半高柜，上面放布袋财神或聚宝盆，加射灯更好
大树、围墙遮挡	很多多层的住宅周围会有很多大树和围墙遮挡，日照不足、湿气较大	选择较好的不宜遮挡的朝向和楼层
大门正对长廊或壁角煞	影响全家的工作运，所以需保持明亮	大门入口加强照明，加1～2盆富贵树来遮

设计师签单实例

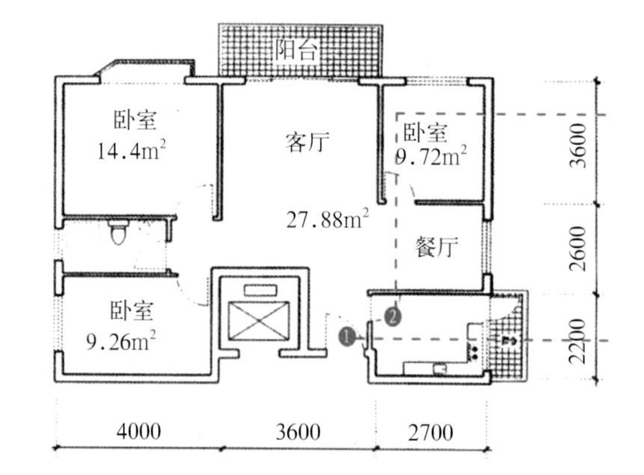

原建筑平面图

厨房门位于入户大门，入户看到灶台，犯风水大忌。

入户大门正对阳台门，直接看穿室内外，犯风水“对冲”大忌。

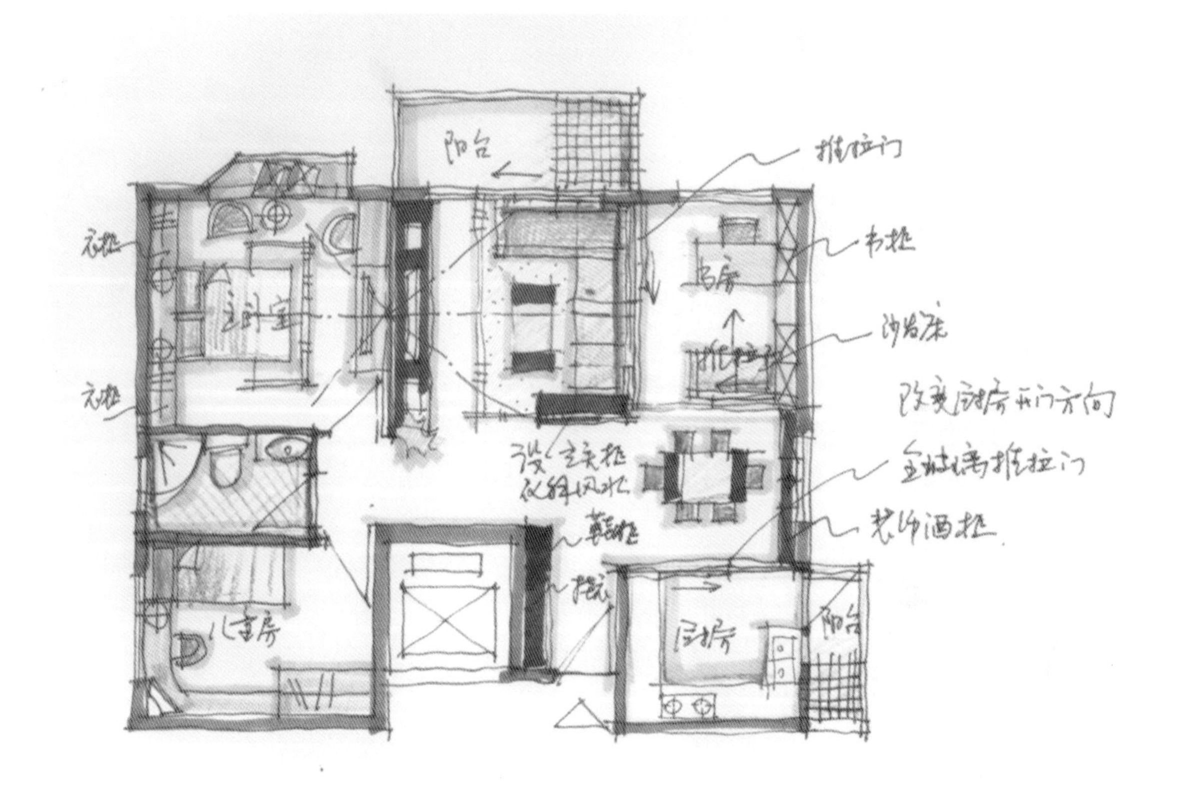

设计师签单时当场提供的平面布置图彩色完成稿

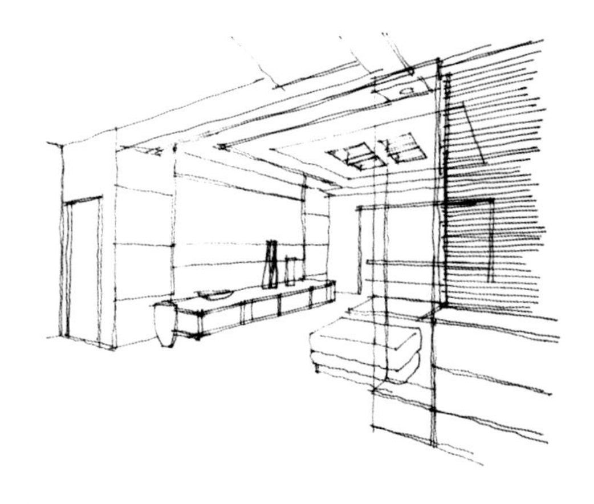

在客厅正对大门的地方设门厅柜，遮挡视线，化解风水问题。

设计师签单时当场手绘完成的客厅效果图黑白线条稿

设计师签单时当场手绘的客厅效果图彩色完成稿

5.三房户型格局不佳的破解技巧

我们已经知道，很多新居的建筑平面都不一定完全适合各个家庭的生活需求；此外，有时候为了节省买房的经费，有些家庭会将就买格局不佳的房子，再靠装修设计来改变原本不佳的格局。碍于经费的考虑，如此决定也无可厚非，不过，在作出决定之前，当然也要事先了解有无破解不佳格局的方法，以免影响以后的居家生活品质。

三房两厅常见户型格局缺点及破解方法

缺点类型	三房常见户型格局缺点	破解方法
客厅常出现不规则墙面	一些三房的住宅，尤其是高层，总有一些户型客厅会出现一些不方正的墙面，或者到处是门，客厅看起来很大，但却无法布置电视位和沙发位	调整会客空间形状和墙面方向，形成视听方向；调整开向客厅的门的数量和方向，减少交叉干扰
走廊过于狭长，面积过大	由于三房需要在有限的面积中解决各功能分区问题，因此会出现一些狭长的走廊，在面积宝贵的三房中，这无疑是一种浪费	结合室内其他功能空间形成复合空间交通面积缩小，或兼顾其他功能
各房间面积分配不合适需要	购买三房的家庭结构是各不相同的，有的是新婚，有的是带一小孩，还有的有老人，因此，往往需要根据要求来安排和配置房间	可以通过拆除部分墙体，或合并部分的功能，扩大或减少原面积，从而形成新的空间格局
餐区位不够独立完整	很多三房的户型由于面积和设计的问题，餐厅会出现很多问题，最常见的问题如空间相对不独立、不完整，动线交叉干扰严重	通过顶棚、地面的空间处理，或者通过调整相邻空间的墙体，形成空间感较为完整的就餐区

设计师签单实例

三房两厅两卫 建筑面积为93m²

这是高层住宅中典型的平面户型，俗称“钻石型”。它的明显的缺点是客厅面积看起来比较大，但是空间不完整，不好布置，主要是很难布置沙发和电视位形成视听区。此外，中间走道很长，浪费空间。这两点是原户型格局存在的先天不足。

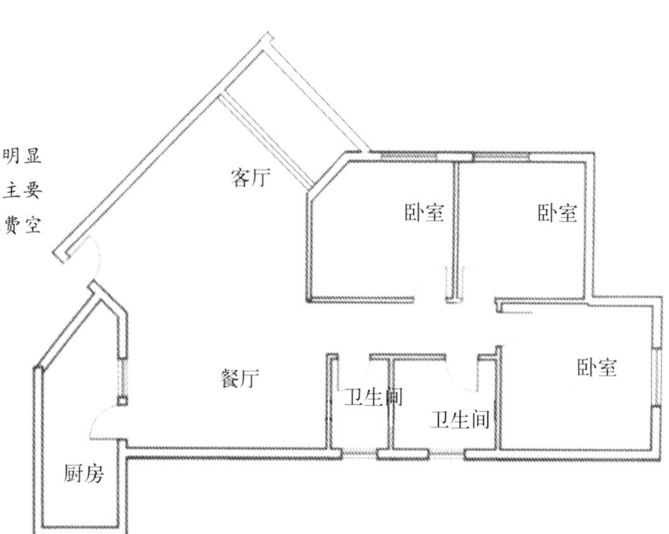

原建筑平面图

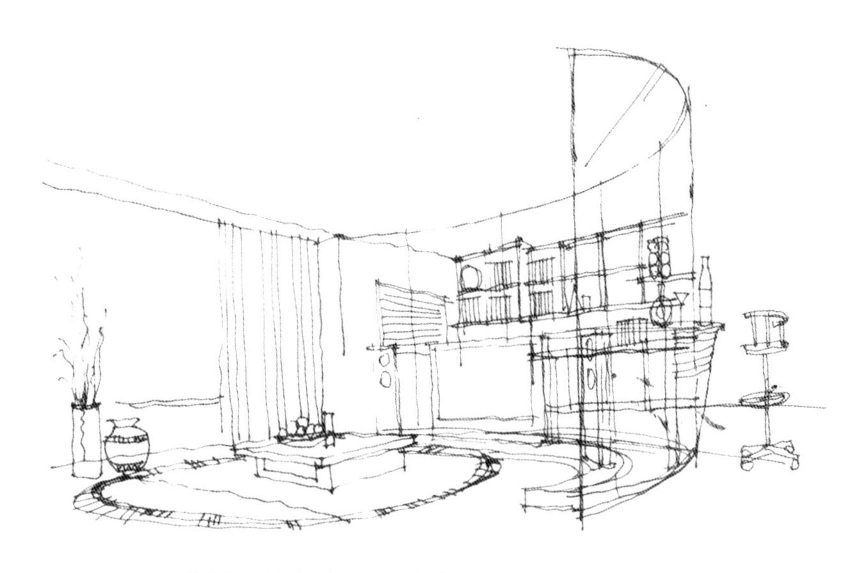

设计师签单时当场手绘完成的客厅效果图黑白线条稿

①首先调整空间格局

首先改造中间的狭长走廊。大胆地拆去一间房，改造成开放式书房，这样一来，无形中释放了走道空间，同时也使房间面积感觉到大许多。

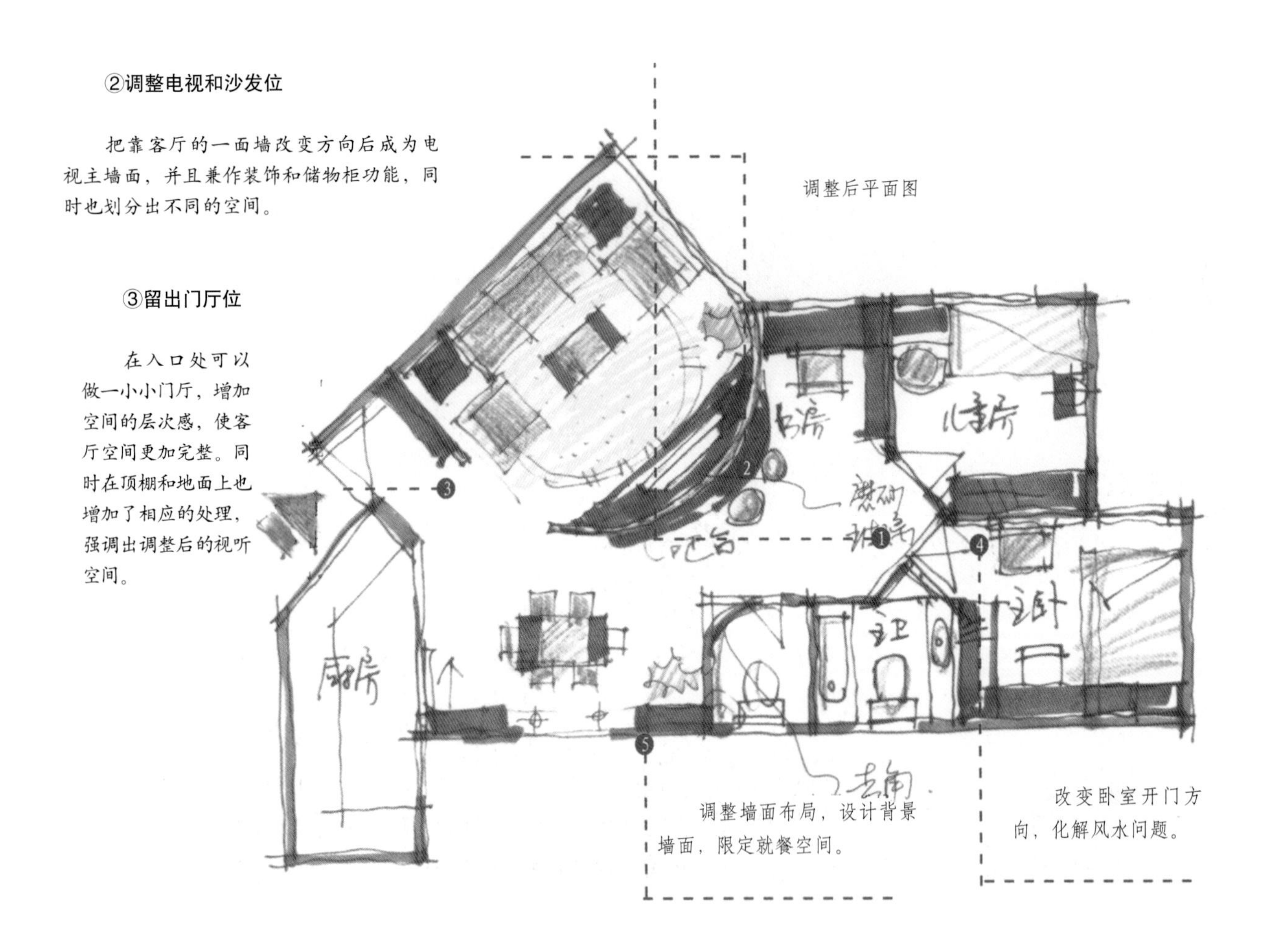

②调整电视和沙发位
把靠客厅的一面墙改变方向后成为电视主墙面，并且兼作装饰和储物柜功能，同时也划分出不同的空间。
③留出门厅位
在入口处可以做一小小门厅，增加空间的层次感，使客厅空间更加完整。同时在顶棚和地面上也增加了相应的处理，强调出调整后的视听空间。
调整后平面图
书房
儿童房
吧台
厨房
卫
主卧
调整墙面布局，设计背景墙面，限定就餐空间。
改变卧室开门方向，化解风水问题。

设计师签单时当场提供的设计方案平面布置手绘草图

通过调整室内空间格局，重新限定和划分了室内空间，既保证了沙发和电视位的宽敞明亮，又满足了书房沿墙而设的弧形吧台，增添了休闲的情趣。

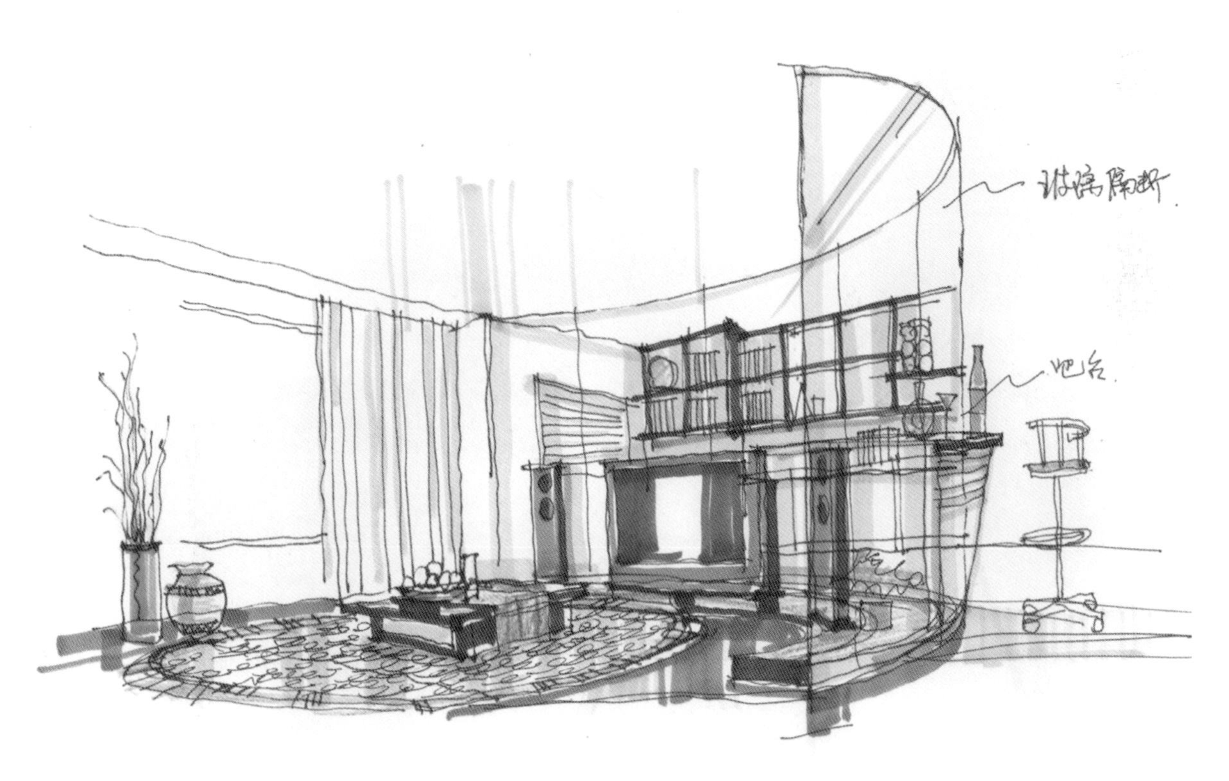

设计师签单时当场手绘的客厅效果图彩色完成稿

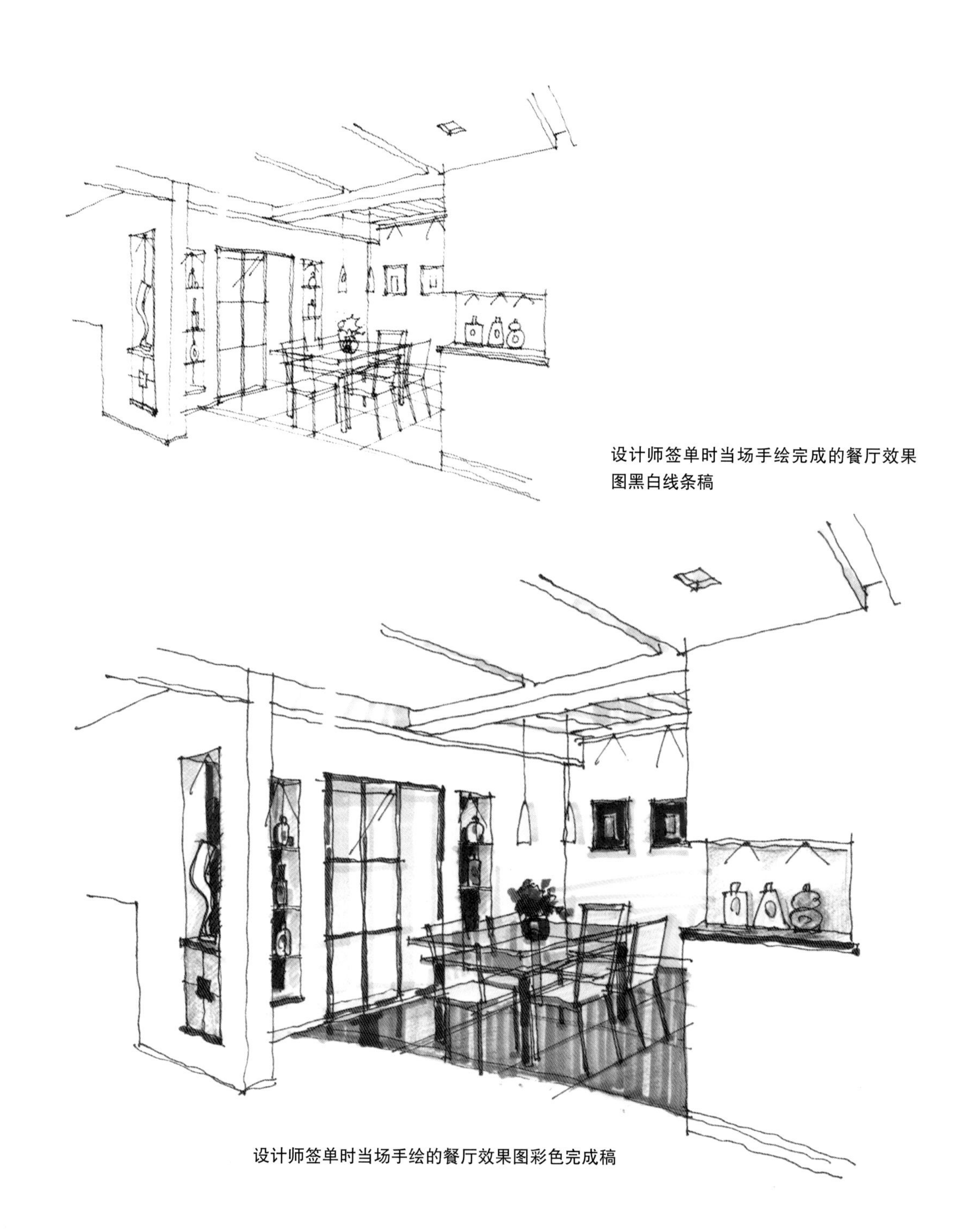

设计师签单时当场手绘完成的餐厅效果图黑白线条稿

设计师签单时当场手绘的餐厅效果图彩色完成稿

6.三房装修设计中畸零空间破解技巧

在每个空间格局中，无论格局设计得多么棒，多多少少都会有一些畸零空间，让人有点烦。但是，却也往往因为房子有畸零空间而让房价降低许多。看到这类房子，大部分的家装客户依然会选择将房子买下来，而留作装修时再加以调整和改进，而这才是家庭装修真正要做的工作。化腐朽为神奇，让没用变有用。

例如，如果客厅空间不大，可以选择把阳台外推，从而使客厅空间变大，也算是善用空间的办法；又如，我们往往会发现一些走道末端“呆呆地”空在那里，可以在走道末端做上兼具展示功能的收纳柜，空空的走道顿时变得既实用又美丽；再如，一些窗台可以用来作为书桌或桌椅，或者是把部分隔墙拆除来做书柜或衣柜，等等，都是利用空间的好办法。

客厅的一个大柱，经过设计师处理，反而成为一个视觉亮点。

设计师签单实例

尽管原建筑结构中的起居室很不“顺眼”，让人觉得狭小，餐厅与厨房的位置又难以安排。但是，经过设计师仔细地推敲、调整后的设计方案，使得各区域就变得十分合理有序了，不仅保留了起居室的长度，而且还扩展了它的宽度（从书房到厨房），因而从根本上改善了整个居室的空间关系。

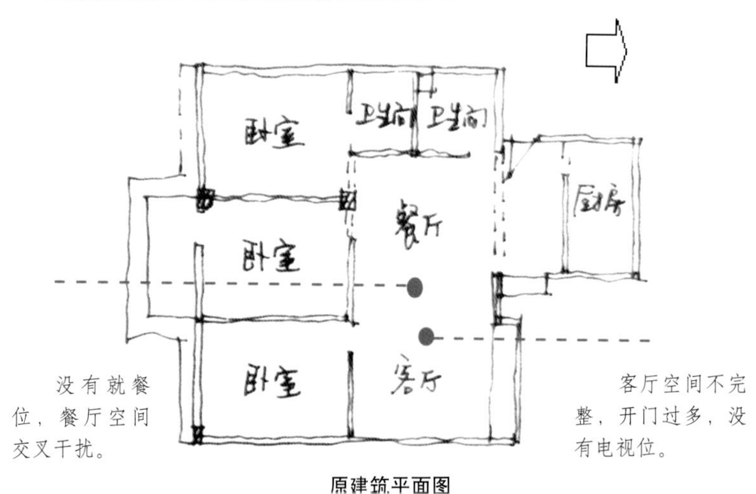

没有就餐位，餐厅空间交叉干扰。

客厅空间不完整，开门过多，没有电视位。

原建筑平面图

①斜开的卫生间门不仅避开了直对卧室的不雅，而且使卧室感觉宽敞许多。

④圆弧形的墙面很好地改善了长条起居室的不适感。

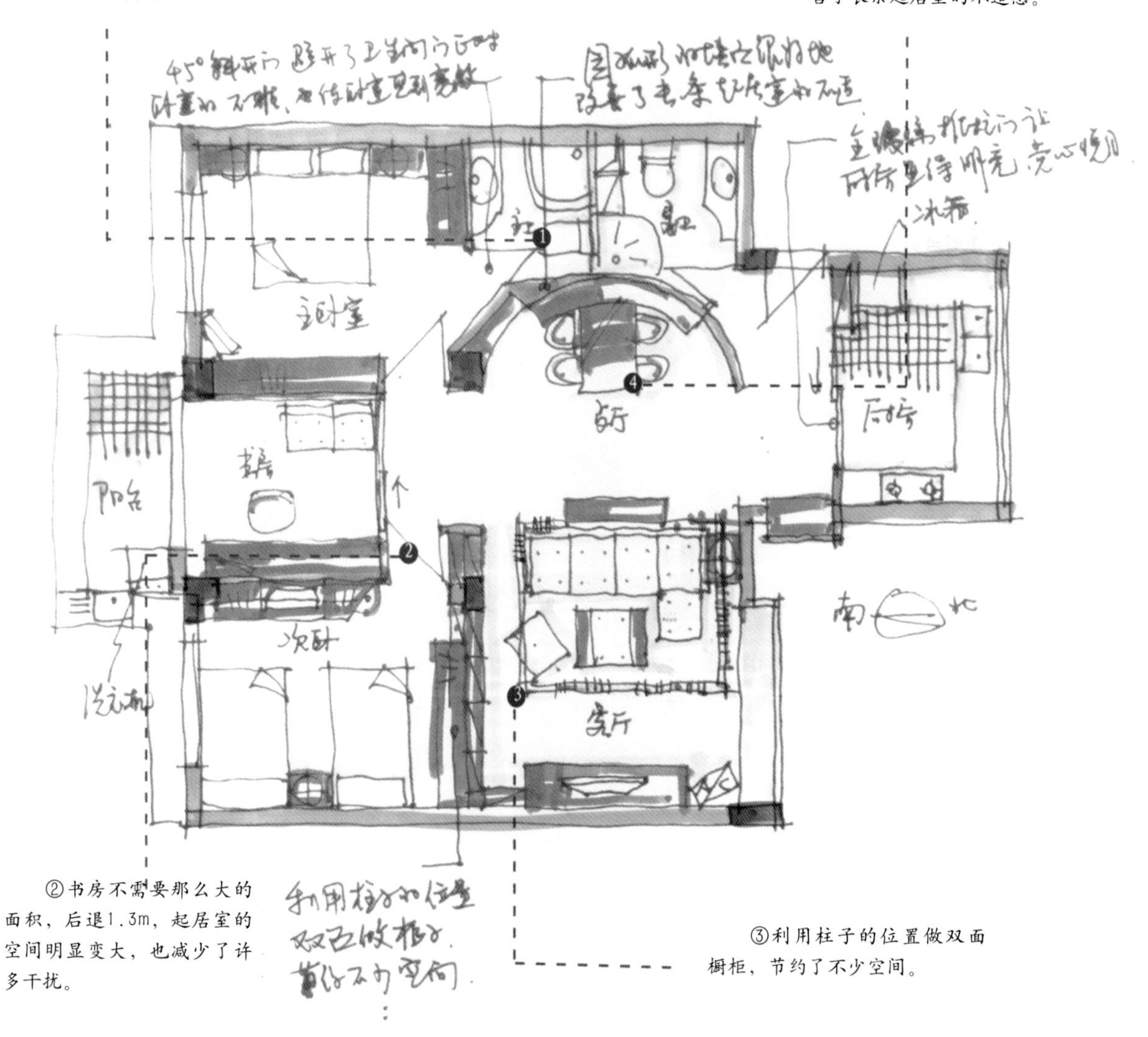

②书房不需要那么大的面积，后退1.3m，起居室的空间明显变大，也减少了许多干扰。

③利用柱子的位置做双面橱柜，节约了不少空间。

设计师签单时当场手绘的调整后平面布置图

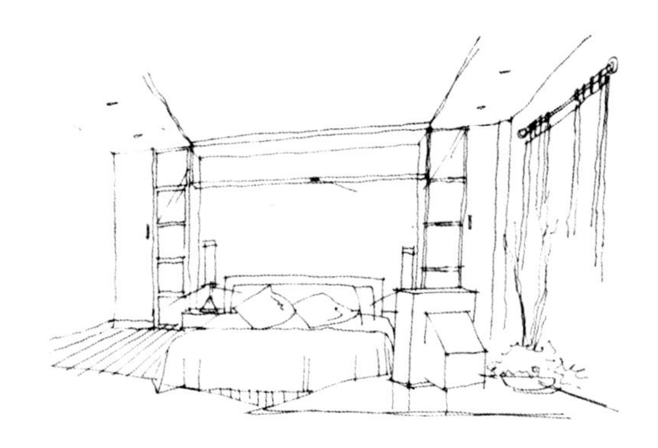

设计师签单时当场手绘完成的卧室效果图黑白线条稿

设计师签单时当场手绘的卧室效果图彩色完成稿

大户型装修格局破解与手绘表达

大面积的房子是一般人的梦想，但是大房子不是面积越大就越好，很多装修的要领必须要注意才行，因为只有这样才能装修得好；另外，通过那些设计签单高手成功的实例，就能学到别人的经验。

1.大户型装修怎样设计才能舒适？

大面积的房子，由于面积大，所以格局容易规划，但是，也有需要多注意的地方。如何装修出适合自己家庭的空间格局呢？事实上，装修好户型格局不难，不过要谨记以下几个重点。

①房子空间要大

购买大面积住宅的家庭，一般都是第二次置业；既然是第二次置业换房子，就要比越来的使用空间大。一般换房最少都要120m^2（使用面积）以上才能满足需求。因为换房时，子女多半已进入了青春期，正是需要独立空间的时期。由于未来再换房子的机会不大，也要考虑三代同堂生活的可能性。

②要考虑多代人的需求

不管是第一次买房还是第二次置业换房子，首先考虑还是要给人住的。因此，一个能满足各年龄居住家庭需要的房子才算是圆满的家。换房家庭的成员比较多元，很多都是三代同堂，因为年龄有差距，需求也大不相同。所以为了照顾家中有老人居住，地面的格局一定要平整，避免有高高低低的地面出现。

设计师签单实例

本户型为超大面积的住宅。在功能布局上由于面积充裕，许多空间配置不受局限，自由发挥程度较大，豪宅指标尽显其间。

超大客厅、超大主卧及超大主卧洗手间，居于其中，格外宽敞舒适。电梯直接入户，同时在入户门处形成一个入室的转换间，既保障了业主的私密性与尊贵性，又增加了实用空间；同时专设工人出入口及电梯，避免干扰主人的生活区域。

待改进的地方：入户处两侧走道浪费空间；客厅与餐厅为“模糊划分”，应该各自单独设立，关系不够明确，活动空间受局限；厨房距餐厅路线较曲折，实际生活中不方便；次主卧入口正对洗手间，有碍观瞻，整体布局拐角太多，实用率降低。

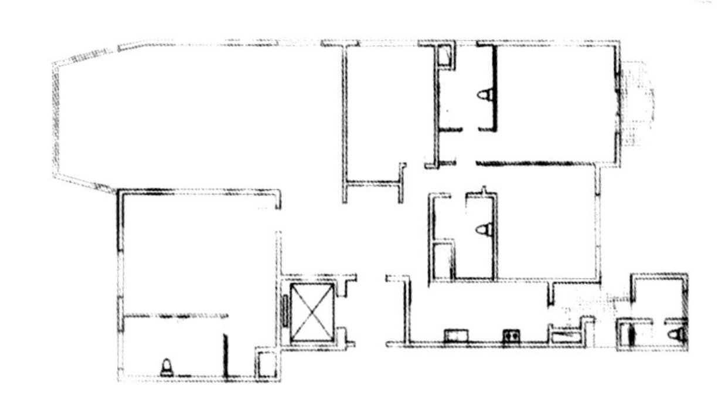

原建筑平面图

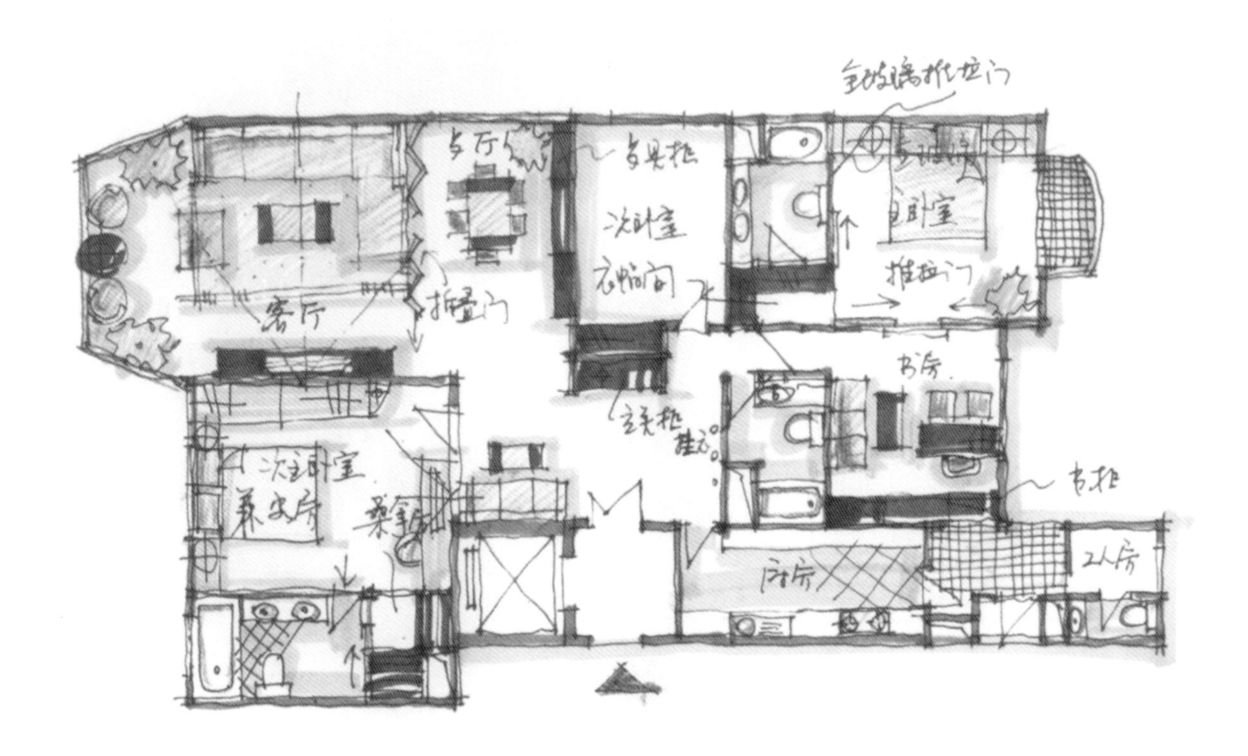

设计师签单时当场提供的平面布置图彩色完成稿

客厅独有10m观景大窗，270°度视角，环顾窗外景致，心神气定。人性化双主卧设计，既适宜三代同堂居住，同时使家庭核心成员区域分隔，享受温情又避免起居不便的尴尬。次主卧特设观景阳台，视野、采光极佳。

设计师签单时当场手绘完成的客厅效果图黑白线条稿

设计师签单时当场手绘的客厅效果图彩色完成稿

2.大户型装修怎样设计才更省钱?

大面积住宅的装修家庭，多半是中年换房族或者家族成员多的大家庭，购房家庭多偏向于多房以及大面积的公共空间，所以要考虑的装修条件也相当多。

①选好房子格局，避免事后拆建

首先必须确认居住成员的需求，三代同堂的家庭，偏重个人私密性空间与公共空间的明显划分，最好是在买房同时就确认房间数量充足与否，毕竟大面积户型房价不低，如果再增加大幅度的格局墙体拆建工程，装修预算也将大幅度的提高。

②尽量保持空间的开阔性

除了各房间的收纳工程为基本装修之外，公共空间是一家人共同起居的重要核心，是大面积住宅的装修重点，千万别浪费大面积户型本身的优良条件，尽量保持空间的开阔性，客厅、餐厅合并为常见的规划，如果真的有独立餐厅的要求，建议运用视觉穿透性较高的间隔材料来设计。

③多用鲜活的家具来传达品位

大面积的公共空间格局，不一定要在墙面装饰上各种橱柜或者线条，不妨提高采购家具的预算比例，可活动的电视柜或餐橱，搭配上休息的沙发、茶几，等等。

某大户型书房实景照片

鲜活的家具，可以展现空间本身的规模，也可以传达居住者的品位与风格。

④留意卫生间设备是否充足

另外，居住成员较多，应该留意卫生间设备是否充足，公共卫生间半套加上主卫生间一套为基本，如果与长辈同住，别忘了年长者的行动的不便利性，这些在装修时都应该考虑在内。

⑤不只空间要大，质感更要好

大户型房的装修，尤其要注意重点装饰部位的材料和家具的选择，所谓“好钢用在刀刃上”。例如，客厅、门厅要讲究门面，一般来说，最好用气势较强的大理石，待客空间可表现出细腻感来。厨房可用高级的钢化玻璃台；卫浴也应强调高品质，可用复古浅色基调，营造出材料的层次感，并用玻璃间隔出干、湿区，盥洗舒适也表现出高等级。

另外在家具方面，也应为高品质生活空间加分，如电视机和电视柜要显示出生活的质感，一套高档的沙发也是必不可少的。

设计师签单实例

这是一个比较成功的五房户型，用“方正使用，错落有致”来形容是恰当不过的。

该户型最大的特点是有效地利用了错层结构将整个户型的动静区分离，宽达5m的开放式错层空间，在卧室区中央形成了家庭活动的第二功能厅，使整个户型结构更具有鲜明的空间层次感，令人倍感居家的舒适和温情。

卧室也值得称道，有两间卧室都配有独立的卫生间，在实际生活中应该是十分方便的，其中主卧室的衣帽间布局令人印象深刻。卧室的朝向布局基本都是南向，并配有外飘的阳台，采光条件充分。

此外，由卧室、工人房和生活阳台构成的家政区位于入户门右边，自成一体，与房间其他功能区互不干扰，符合污、洁和干、湿分区的要求。

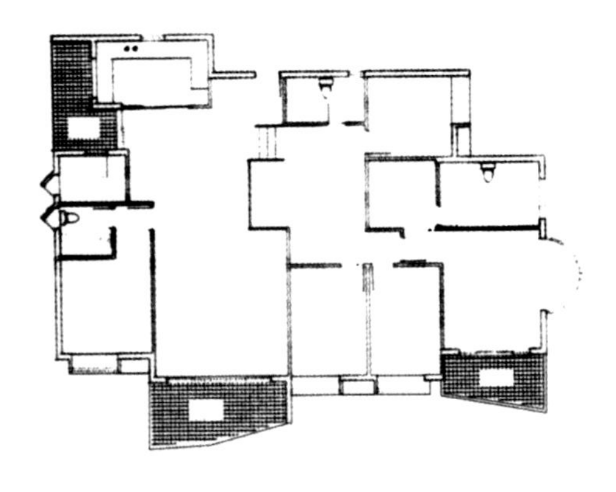

原建筑平面图

不足之处只是工人房没有独立的卫生设施，略为遗憾。

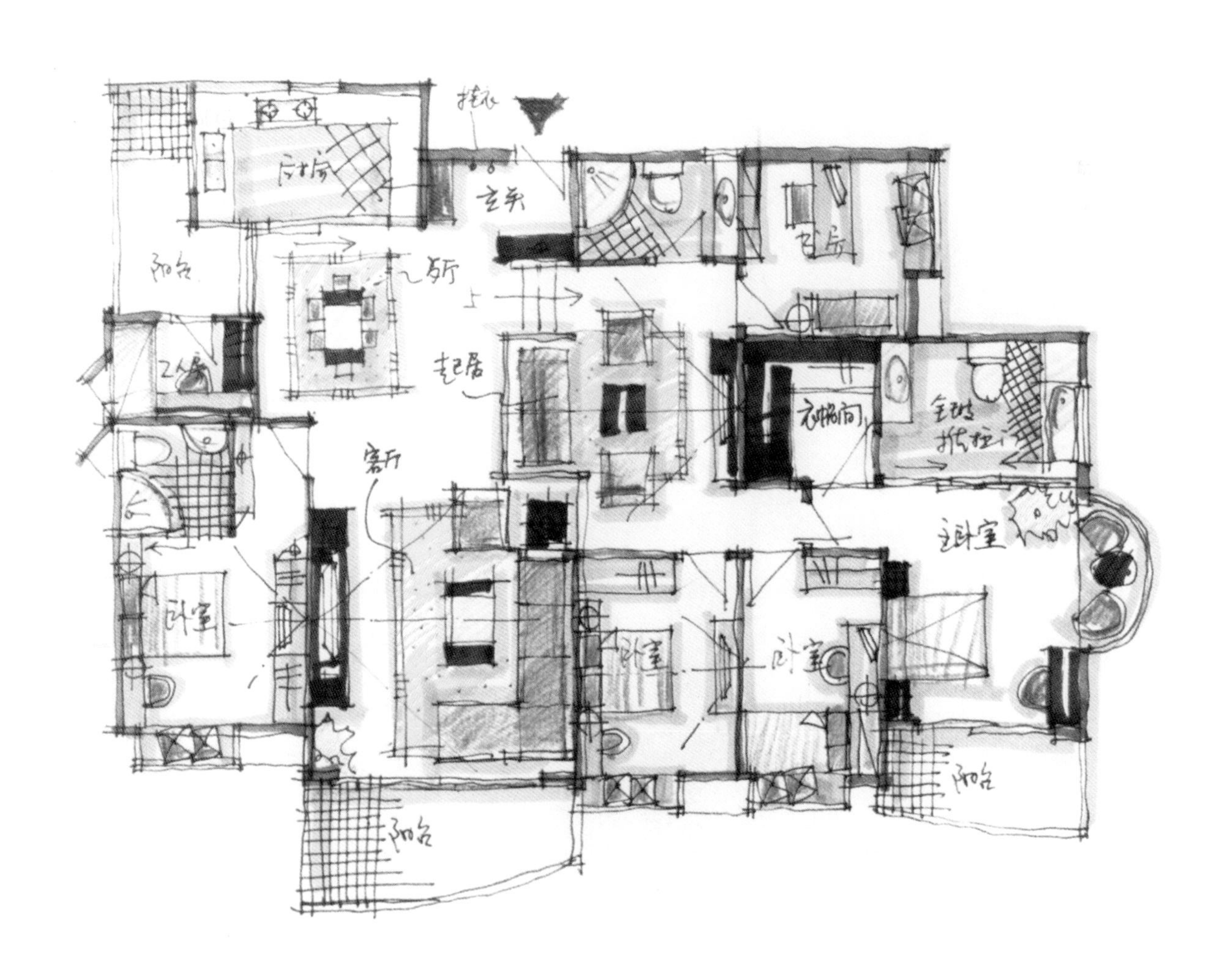

设计帅签单时当场手绘的平面布置图彩色完成稿

设计师签单时当场手绘完成的客厅效果图
黑白线条稿

设计师签单时当场手绘的客厅效果图彩色完成稿

3.大户型装修怎样破解格局不佳？

大户型的家庭多半是换房族，对于生活的品质更为讲究，而房子不是大就一定会好。一些户型格局上的缺点更应注意，如周围的环境，内部的设计规划等，让生活品质始终保持在最高点。

大户型客厅实景照片

大面积户型常见格局缺点及破解方法

缺点类型	大户型常见户型格局缺点	破解方法
入门后感觉不够大气	大户型或者是复式的房子，要能反映出一定的身份地位，如门厅、餐厅和客厅要大气，因此公共空间要高大宽敞一些，气派一些	充分利用大户型和复式面积大、空间高挑的优势；也可运用一些手法，如挑高的顶棚，开放式设计，客厅、餐厅合并的手法等，使空间有整体放大的效果
客厅面积很大，但却感到压抑	一些大户型客厅，由于面积比普通客厅大一倍，但是层高却仍然是一般面积客厅的层高，所以客厅反而显得很压抑，不开阔	在客厅地面上适当做些空间划分限定；客厅空间使用功能上适当作一些划分。运用吊顶造型结合灯光来弥补高度；选择合适的家具类型布置出空间区域
面积增加，但是舒适度并没有增加	户型的面积增加了，却仍然是沿用小面积户型时的格局，如卧室不够大，卫生间也不够大，餐厅不独立，储藏收纳面积不足等	增大面积和设备，如卫生间可以升级成为休闲中心，卧室也应配备独立更衣间和化妆间，等等，除满足基本功能外，也可加重一些特殊的空间的使用
空间狭长和不规则格局	一些空间（特别是客厅空间）不方正，属于狭长格局和不规则格局，有些空间显得狭隘，不够气派	可以通过把一些相邻的房间（如书房）做成半开放式的空间，让空间产生连接后的开阔感

设计师签单实例

这是一个大户型的居室。某装修家庭购买了两个相连单位合并，虽然每个户型的格局非常实用、方正，但是合并后却存在颇多非传统的格局，装修家庭需要多费一些心思才能打造成一个间隔清晰、完整的家居空间。

户型格局分析

1）打通后的相连单位拥有多个房间，能分配特定房间作卧室、书房及衣帽间。

房间分配建议：

a）拆卸客用浴室，并将门厅屏风后的空间作衣帽间，两侧间的睡房作书房。衣帽间及书房向走廊墙身改为和式推拉门，具有开放式的弹性。

b）主卧室打通成特大睡房，中间用电视柜和床尾柜及睡床相隔。

c）加设走廊门，囊括整个主人区域。

缺点：

2)相连单位多了一道大门及一个厨房，基于结构墙问题，大门不能改在单位正中，惟有使用原有的门户，门厅便不再气派。

3)厅区呈反“凸”字型，面积显得越来越细。

4)客厅、饭厅太大，显得空洞。

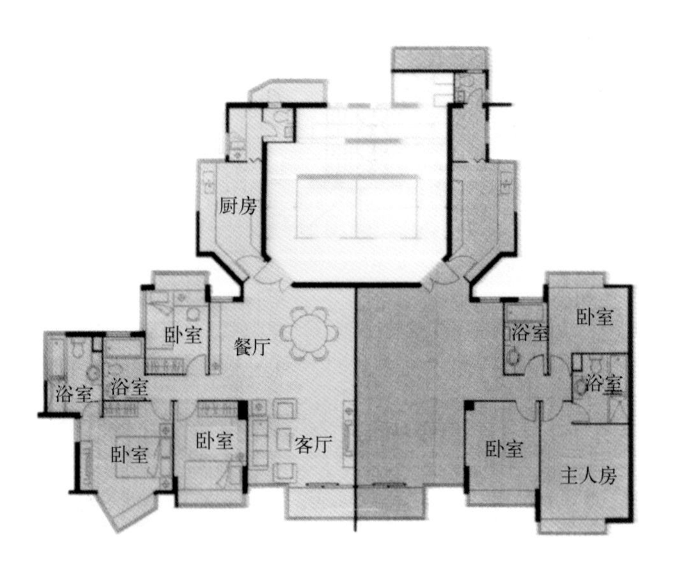

装修前平面图

②扩大左边的睡房及右边的屏风，拉直整个厅区成为完整空间。

①封掉左边大门，以右门进出，并于小角位设屏风及装饰椅子，将视线拉回正厅中。大门侧的厨房改成储物室。

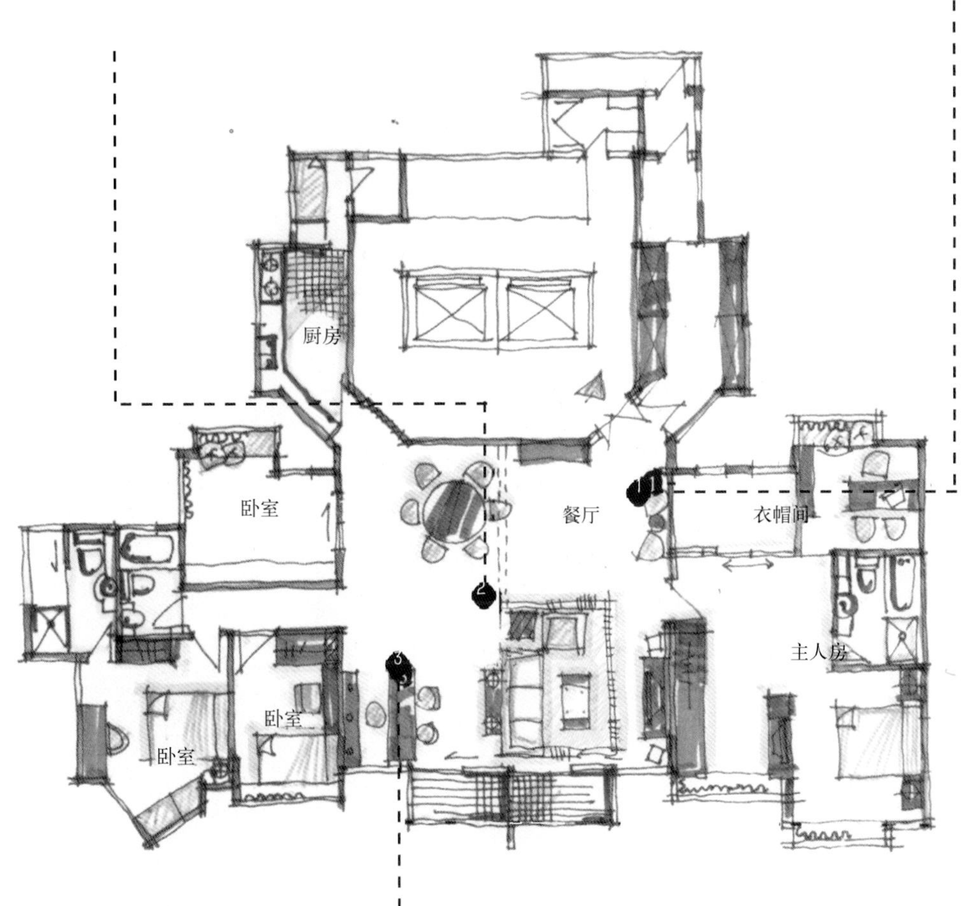

③将部分客、饭厅作酒吧用途，增加大厅功能。

设计师签单时当场手绘的平面布置图

设计师签单时当场手绘完成的客厅效果图
黑白线条稿

设计师签单时当场手绘的客厅效果图彩色完成稿

超小面积户型装修格局破解与手绘表达

“麻雀虽小，五脏俱全”，如何在有限的空间中，安排出最舒适的生活功能与舒适优雅的创意空间，要考虑的问题很多。

一般来说，55m²以下住宅，空间配置上大致包含卫浴设备、卧室、简易的厨房，有的可能还有一个小客厅。由于面积有限，所以常有动线不明确而造成主人生活机能不便的困扰，此时，户型格局的好坏就格外重要。

1.超小户型怎样装修才舒适？——要让房子看起来一点也不小

在这面积不大的单一空间中，要间隔不同属性的空间，又要保持空间的宽敞度，不要显得拥挤狭窄，的确是门大学问。如何让客厅、卧房、卫浴的位置得到适当的安排，让生活在其中的人，有舒适的归宿呢？重点就在良好的格局安排，可使小面积的房子看起来虽然小，也刚刚好。

①动线规划流畅

如果买到的小房已经规划好动线的流畅度，那么再做其他的设计与配置时，将可以达到事半功倍的效果，也可以省下不少的装修费。

②光线充足，通风良好

有时候，开发商为了在同样的用地中增加几户小套房，会使一些套房户型的房间产生光线不足、通风不良的问题，所以，如果看到的小面积套房，有良好的光线与流动的空气，可以说是上上之选。

③管线位置利于装修

买房子时，要清楚了解开发商设计管线的位置，这样，在装修时，对于灯光、厨房、卫浴设备的安排，才能既省时又省钱。

客厅局部设地台可以储藏许多物品，无形中扩大了空间。

设计师签单实例

虽然是一房小户型，但功能分区却简单明了，非常实用。户型方正，布局紧凑，分区清晰明确，没有浪费的空间，而且各功能面积比例尺度把握得当。采光、通风良好，双阳台的布局满足了足够的生活、工作空间，在小户型的住宅内可以承担多种生活功能，使简单的空间布局更趋丰富。并且有一个生活阳台。

该户型不足之处在于卫生间和主卧室的门都朝向餐厅，影响到生活的质量和秩序，即使是单身一族，也应该考虑到实际生活中私密性的重要；入户门正对通往阳台的门，很不合理。

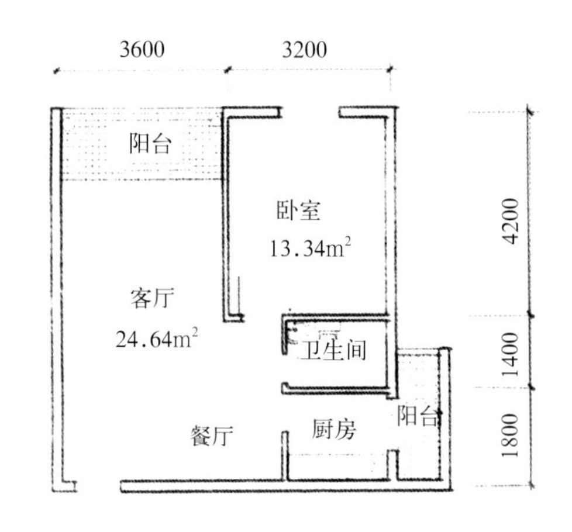

原建筑平面图（建筑面积：50.32m²）

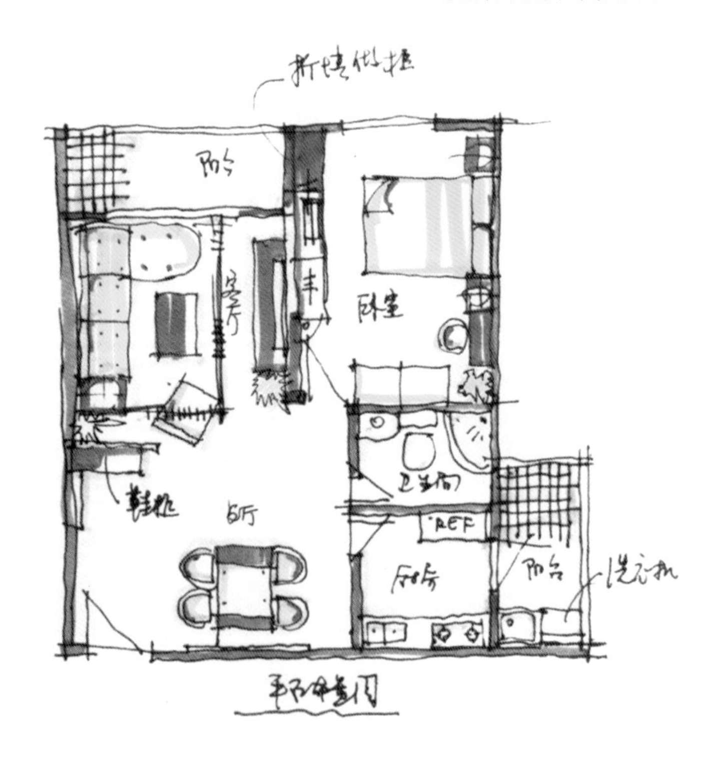

设计师签单时当场手绘的调整后平面布置图

设计师签单时当场手绘的客厅效果图彩色完成稿

2.超小户型怎样装修才省钱?
——在最小的空间中表现大气

小面积住宅，所需装修费用未必少，尽管房屋总价只需20万～30万元，由于小面积户型的收纳功能、动线规划将影响居住的品质，这些都需要借助良好的装修才能有效地达成。因此，装修费用应该比总房价的10%更高，15%～20%会是一个比较合适的范围。

小面积户型的装修家庭，多半为单身白领或者是长辈买给刚进入社会的年轻人，如果没有长期自住的打算，装修应该着重在收纳功能、厨房、卫生间以及阳台工作区的机能设计，其余为机动式设计，以利后续出租或者增值转卖。

面积过小，不适合隔成一房一厅，可采用开放式的空间规划，生活起来比较舒适，建议使用轻间隔、家具、电视柜，等等，甚至是垂帘挂布等软件，作出简单的空间间隔，将睡眠区独立出来即可，也不失为降低装修成本的好办法。

小面积户型装修的收纳功能是最重要的，想办法规划出多元的收纳空间，例如伪装成墙面的隐形柜，架高地板以利于收纳，等等，将装修预算用在收纳设计上是绝对必要的。不杂乱、任意堆积物品，将东西收好，才能确保小面积空间的居住品质。

在选择装饰材料时，要注意选择省钱又实用的材料，如进口的PVC地板，既便宜，又好用；厨房、卫生间尽量使用色系明亮而又省钱的国产瓷砖，且选用实用又有质感的防火板。

某小户型客厅实景照片

某小户型厨房和卫生间实景照片

设计师签单实例

作为两房一厅的户型，它是比较理想的。

此系列户型正好坐南朝北，景观范围最大，采光与通风更是良好，且朝南的凸窗和宽敞的弧形阳台除了实用之外，亦为其增添了不少情趣。卧室与客厅方正通透，实用率较高。洗手间靠近两卧室，门的开启，也颇费了一番心思，既避免了与客厅的正面接触，又避免了与两卧室发生“门冲”。

稍显不足的是客厅进深略小，与其开间不成比例。

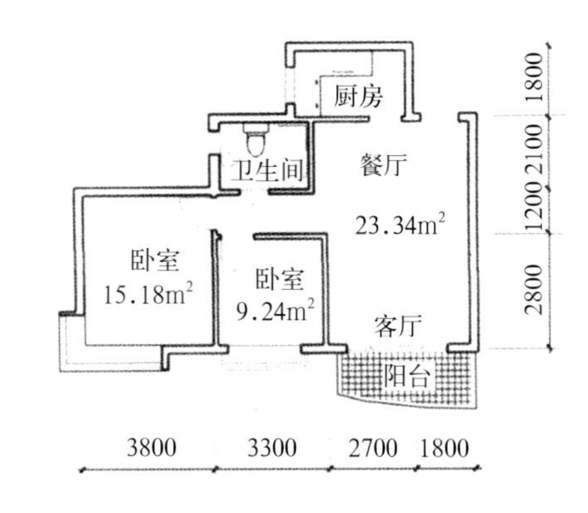

原建筑平面图

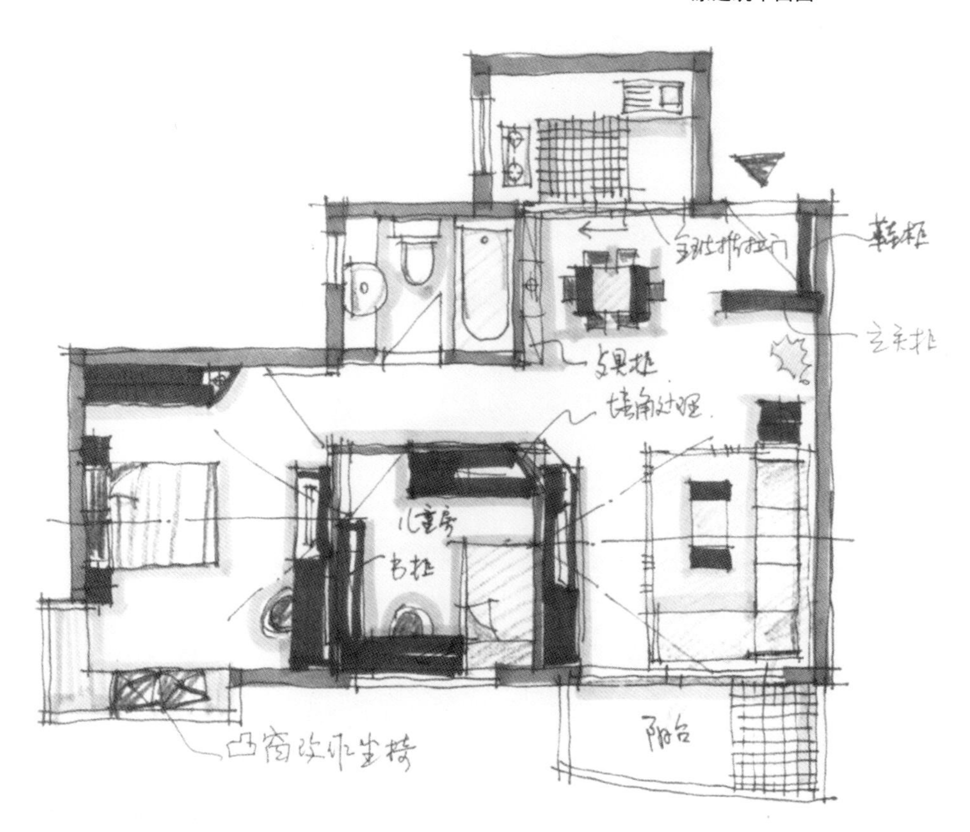

设计师签单时当场手绘的平面布置图

设计师签单时当场手绘完成的客厅
效果图黑白线条稿

设计师签单时当场手绘的客厅效果图彩色完成稿

设计师签单时当场手绘完成的餐厅
效果图黑白线条稿

设计师签单时当场手绘的餐厅效果图彩色完成稿

3.超小户型格局不佳,怎样破解?

在装修超小面积户型时，设计师常常会遇到格局不佳和风水问题。在设计时，设计师可以参照下表所列的方法加以破解。

超小户型常见格局缺点及破解方法

缺点类型	小面积户型房常见格局缺点	破解方法
空间过于狭长，功能分区交叉、不明确	空间显得拥挤、狭隘，而且宽敞度不够，住进去感觉不舒适，没有归属感	使用半开放式间隔柜，使用推拉门或折叠门，搭配不同材质或不同高度的地板或吊顶，利用吧台或高脚桌
热水器、洗衣机不知放哪里	很多户型都无生活阳台，这会使得放热水器、洗衣机和晾衣服都成问题	如空间许可放在浴室里或浴室周围；选购洗、脱、烘三机一体的洗衣机，省空间，免去晾衣的烦恼
厨房、卫生间的位置不佳	把厨房或卫生间安排在进门处，或是规划在其他影响生活动线的地方，这样容易造成整体空间规划的困扰	利用相邻空间的机能设计，在空间间隔和厨房、卫生间开门等方面做好适当的调整搭配；如管线工程许可，可考虑移动厨房或卫生间位置
光线不足，通风不良	小面积的户型容易产生缺乏窗户或长型的套房空间，比较容易发生自然光源不足以及通风不良的问题，住久了容易生病	如果条件许可，可多开一个窗增加空间对流；用除湿机或空气清新机来调整空气湿度；选用较好的抽油烟机，或尽量用微波炉和烤箱来烹调
厨房、卫生间阴暗，空间小	楼市中，经常有许多房子的厨房被隐蔽在室内阴暗的空间，而且浴室也比较小	利用开放式的设计使阴暗空间得到良好的采光；或放大餐厅的尺度，将相邻空间与浴室结合，放大浴室空间
卫浴外露	一进门就看到客厅旁边的卫浴设备，不仅有碍观瞻，也让人感到不舒服	将客厅延伸出门厅，利用玻璃隔断间隔出门厅区，再将客厅主墙面作为收纳柜，解决“卫浴外露”问题

超小户型常见格局风水问题及破解方法

常见风水问题	小面积房常见户型格局缺点	破解方法
卧室一定要有窗户	小户型面积有限，有时隔成两个房间，会有一个卧室没有窗户，这是禁忌	如果能开窗更好，若不能，则要把门底下的缝加大2cm以上，再用上空气清新器
床不可对房门，厕所或阳台门	因为面积小，所以床位的摆放容易对门	除了移动床位，改变门的位置，也可用屏风或布帘遮住

设计师签单实例

户型格局分析

优点：

1）为减少门厅的压迫感，开发商将厨房改为开放式的备餐间，也可封闭起来。

2）客厅近窗台部分已予作隔房的用途，能由一房变成两房，增强空间用途的弹性。

缺点：

1）睡房呈钻石型，大角位造成家具摆放不便，浪费空间。

2）睡房和浴室门正向大厅，不甚雅观。

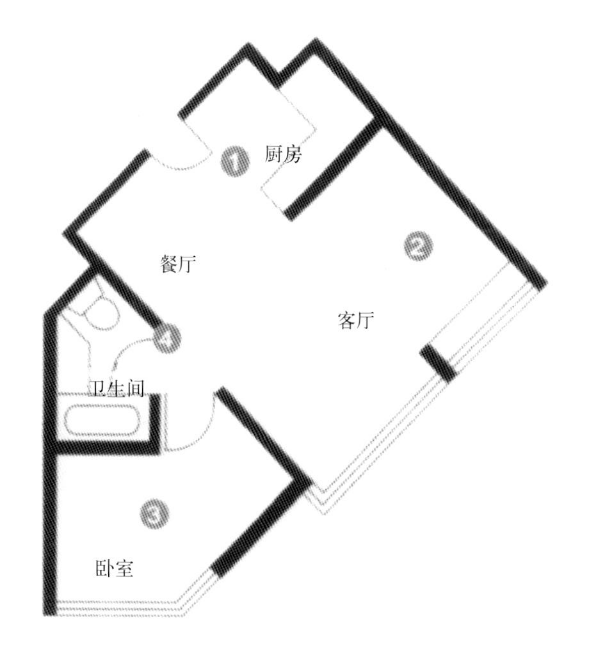

原建筑平面图

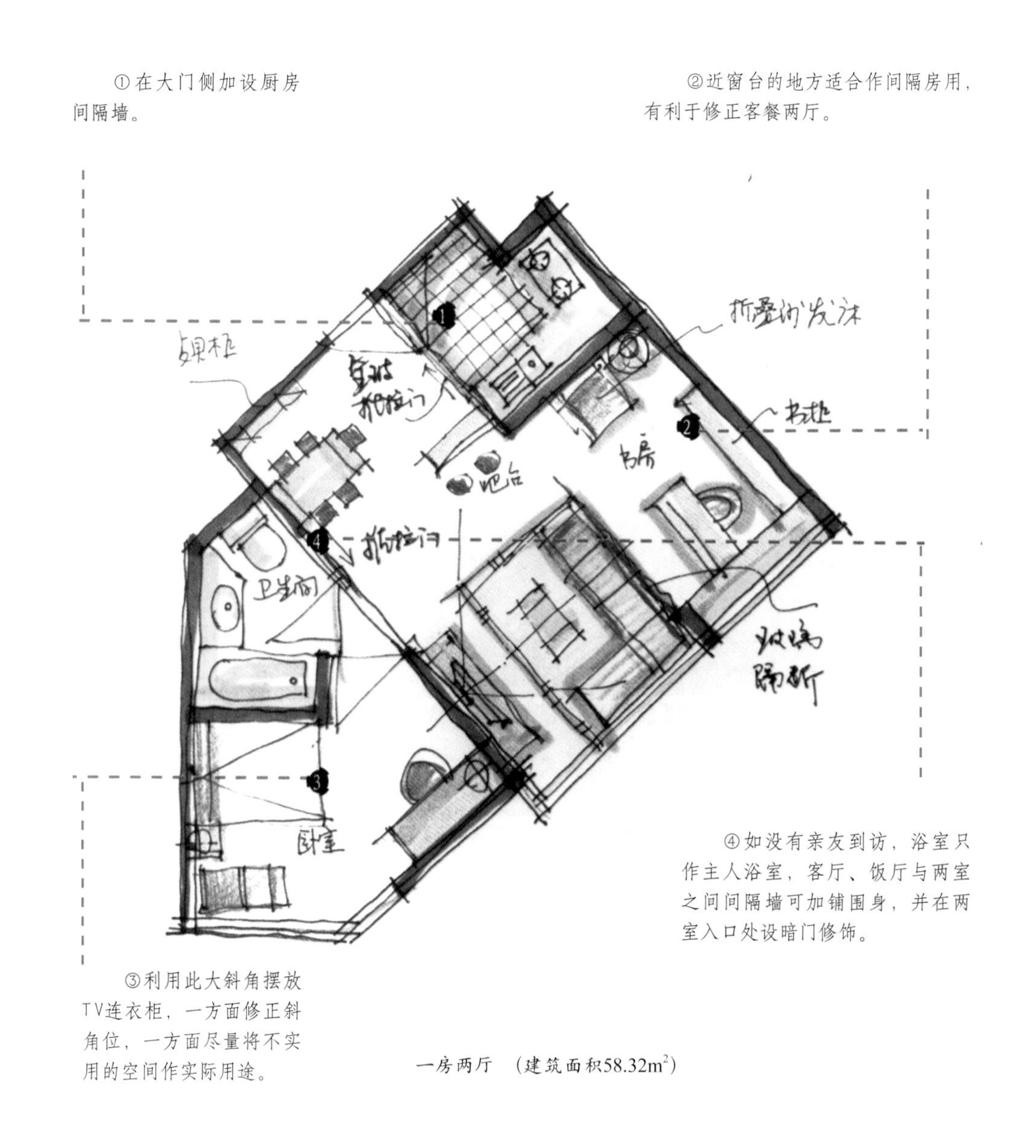

①在大门侧加设厨房间隔墙。
②近窗台的地方适合作间隔房用，有利于修正客餐两厅。
③利用此大斜角摆放TV连衣柜，一方面修正斜角位，一方面尽量将不实用的空间作实际用途。
④如没有亲友到访，浴室只作主人浴室，客厅、饭厅与两室之间间隔墙可加铺围身，并在两室入口处设暗门修饰。
鞋柜
折叠沙发床
书柜
书房
吧台
卫生间
玻璃隔断
卧室

一房两厅 （建筑面积$58.32m^2$）

设计师签单时当场手绘的平面布置图

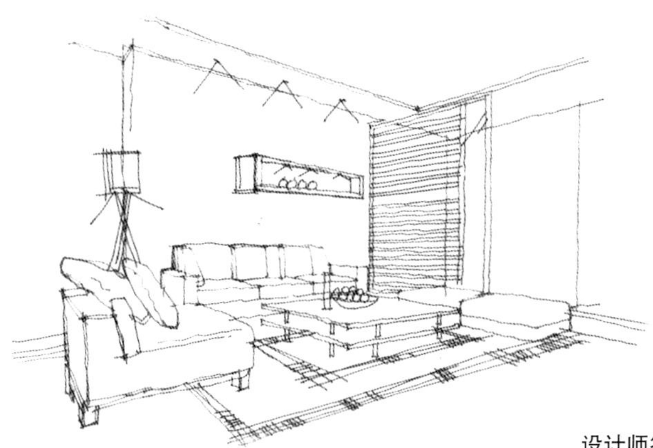

设计师签单时当场手绘完成的客厅效果图黑白线条稿

设计师签单实例

一看就知道这是一个充满个性色彩的DIY型公寓，主要起居空间方正大气，浑然一体，形成较为宽松的内部环境，可供SOHO一族自由想象，灵活间隔；该户型宜商宜住，颇具投资价值。

这种户型关键在于根据使用作合理的功能分区布置。在家装设计时，要考虑根据不同时间的使用顺序而灵活使用。

不足之处在于厨房未能封闭，中餐烹饪时难控制油烟。

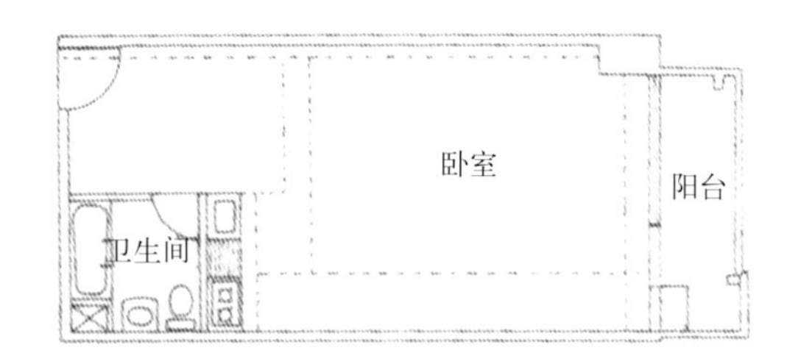

原建筑平面图

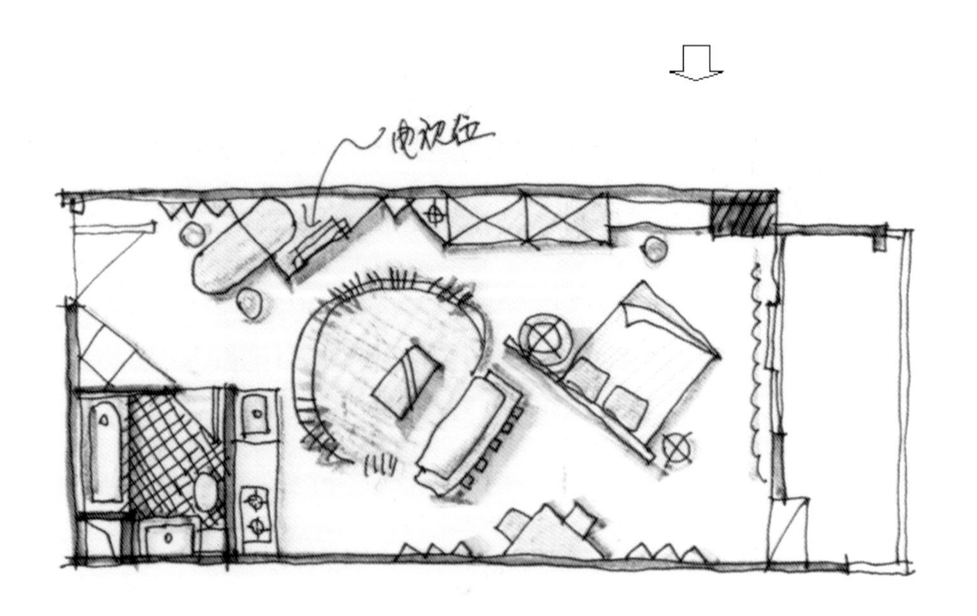

设计师签单时当场手绘完成平面布置图

设计师签单时当场手绘的卧室效果图彩色完成稿

复式房装修设计格局破解与手绘表达

现在市场上的复式住宅比较流行，因为其功能分区比较明确，空间富于变化，颇有一些别墅房的味道，所以也很受欢迎。

一般来说有两种复式户型，一是小复式户型，层高一般在4.2m以上，在50m^{2}左右的面积上挑高约20m^{2}的夹层；另一种是面积比较大的复式结构，利用局部抬高作夹层，面积一般都在150m^{2}以上。

这两种户型特点比较相像，应注意的是挑高夹层的高度是否为国家允许范围并符合国家有关结构规范，此外还要看夹层高度有无使用上的不妥和心理上的不妥。具体情况见下表所述。

挑高户型和复式常见格局缺点及破解方法

缺点类型	复式挑高房常见户型格局缺点	破解方法
管线、梁柱的位置不佳	在挑高房（或复式房）空间中，比较容易遇到管线、梁柱的问题，因而造成动线不便，或空间使用的困扰	购房前最好询问清楚梁柱的位置，不要只是看样品房不错，在装修时要请会处理这类问题的设计师来做设计，尽量消除和避免这种有梁柱的感觉
挑高空间面积太小	如果挑高房（或复式房）的客厅挑高空间的面积不是足够大，容易产生小而高的“炮楼式”的空间，显得非常蹩脚	请善于处理这类空间的设计师来处理这种空间，如“减法设计”可以使空间看起来大一些
楼梯造成视觉障碍	复式空间常会因为楼梯位置处理不当的关系，造成视觉上的障碍，或是空间不易界定	调整楼梯位置，楼梯要处理得轻巧、美观，充分利用楼梯下空间作为收纳空间，如电视柜等

挑高户型和复式常见格局风水问题及破解方法

常见风水问题	户型格局缺点	破解方法
进门不可见炉火	小面积的挑高房常见把厨房放在进门处的问题，进门即见炉火，表示钱财外露，自然损财	进门地方加一个屏风或者墙；入口放120cm高的门厅柜都是可行的方法
水火不可相接	有些房子水池和煤气炉相邻，要尽量避免。从风水角度看，水火相克的问题很重要，否则会导致家运不济的现象	改变厨房的设计，非常值得

设计师签单实例

这是一个典型的挑高4.2m复式小户型，特别适合年轻的白领新婚家庭。这种户型的特点是层高比一般住宅高，利用这个高度，可以做一个夹层，由于这部分不用算作建筑面积，所以购买这种户型非常经济实惠（一层的房价，二层使用面积）。

由于层高比较高，所以可以做出丰富的空间变化，如把客厅做出高大宽敞的别墅般的装饰效果。卧室安排在夹层，局部利用作书房，下面作更衣间。

不足之处是卫生间和厨房的面积太小，互相有干扰，不过对于小家庭来说，倒也影响不大。

原建筑平面图

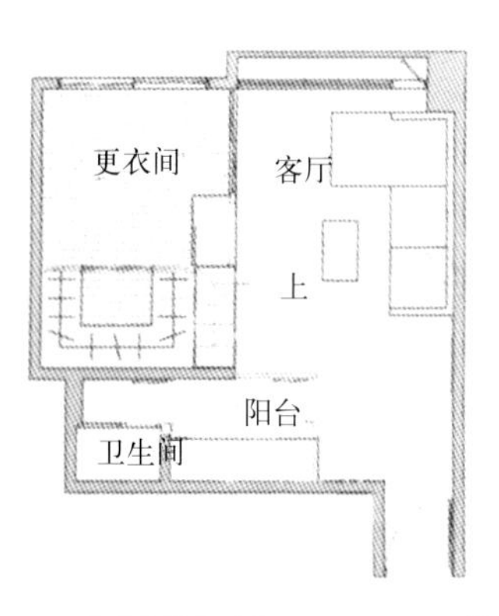

一层平面图（建筑面积58.55m²）

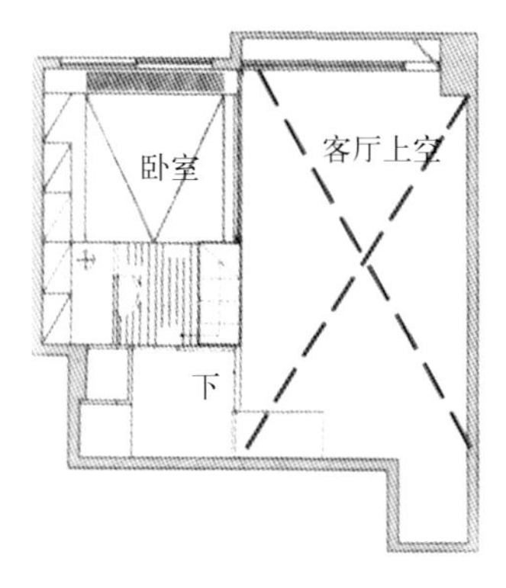

二层平面图（建筑面积45.55m²）

①和室休闲房，也可兼作儿童房。

②电视柜和楼梯一体的设计，有整体感又节省空间。

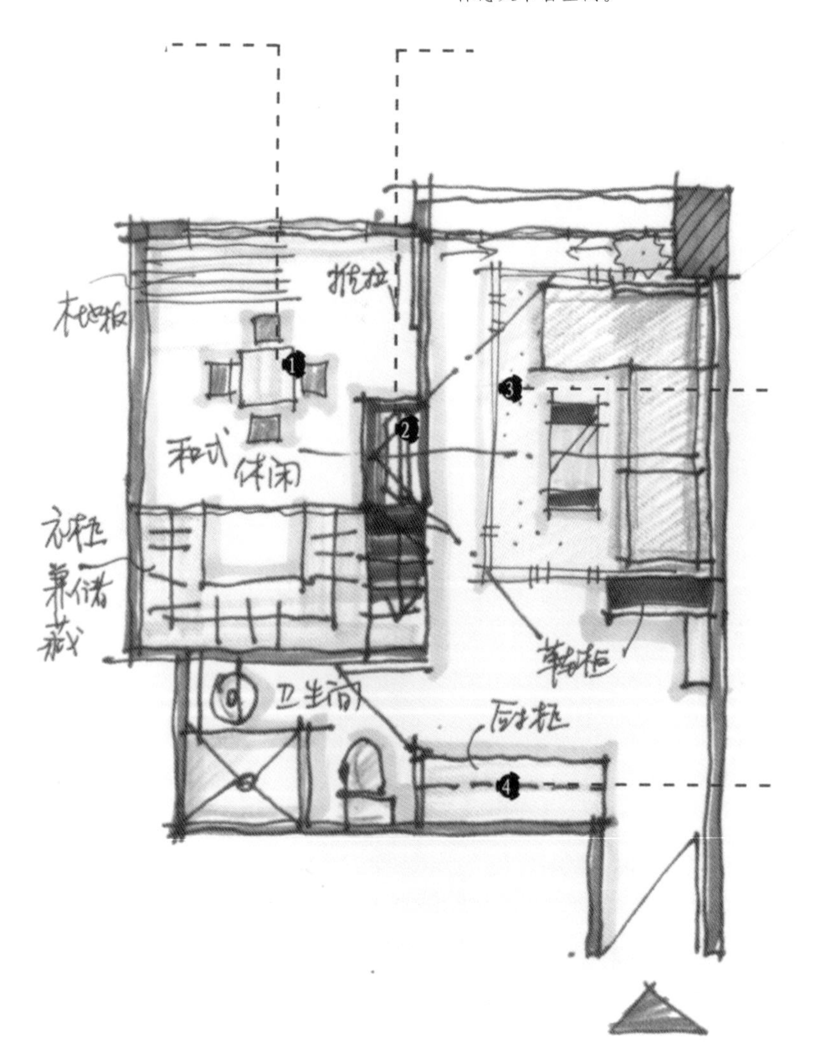

③通高的客厅空间，既有丰富气派的大厅，又节省了空间。

④开放式的厨房，非常适合年轻的家庭。

设计师签单时当场手绘完成的平面布置图

①充分满足该家庭在家办公SOHO一族的情况，尽可能地满足书房的面积。

②梳妆台兼具写字台的功能。

③让床兼具坐卧的休闲功能。

④充分利用一些畸零空间作储藏，是小面积户型家装设计最重要的一点。

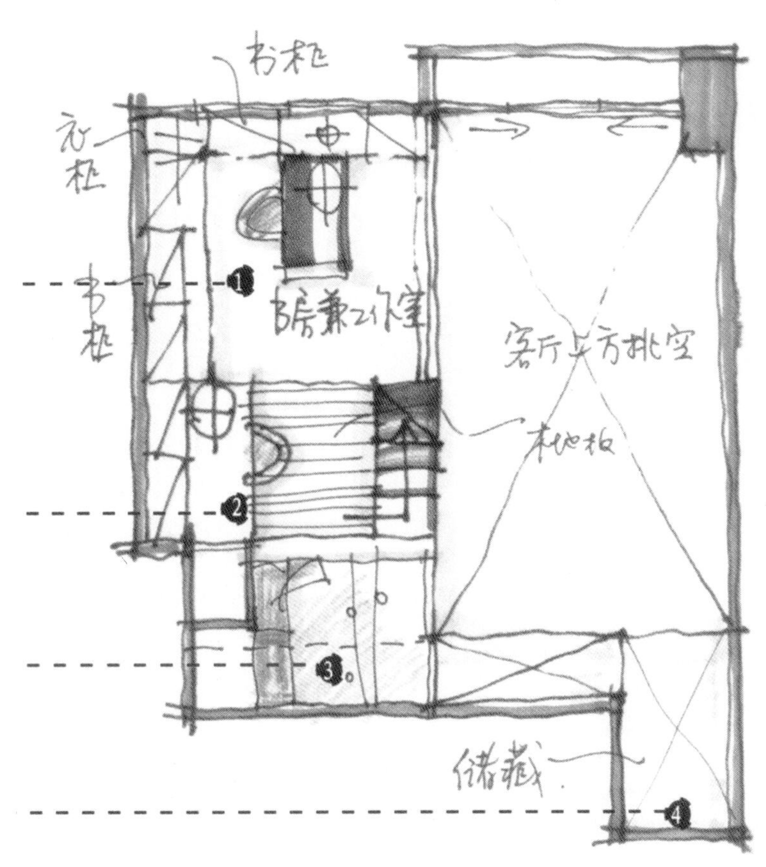

设计师签单时当场手绘完成的平面布置图

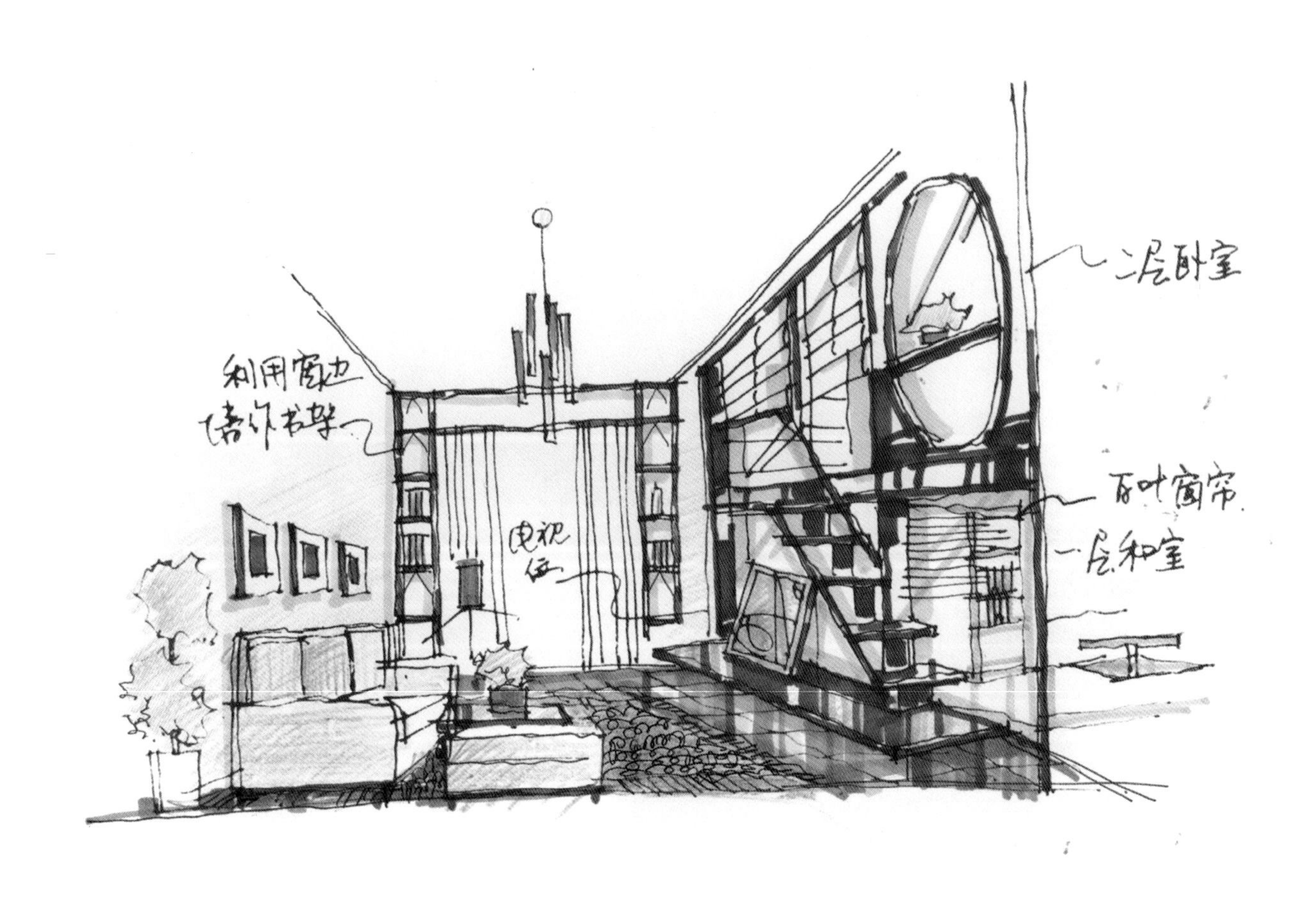

设计师签单时当场手绘的客厅效果图彩色完成稿

设计师签单实例

这是一个复式楼中楼的格局，原建筑空间格局具备了高大开阔的挑空环境，再加上原有的L形大阳台，可称得上是十分难得的优越条件。

底层以公共空间的规划为主，配置有门厅、客厅、餐厅、厨房、书房、游戏间等单元。除了需保有宁谧气氛的书房，以及应顾虑安全性的厨房有墙面加以区隔外，其余单元皆采用开放或半开放式之手法处理，所以不仅能由于客厅的挑空，享有纵向的、垂直的通透性，在水平的视线效果上，也能予人一种开阔的感受。

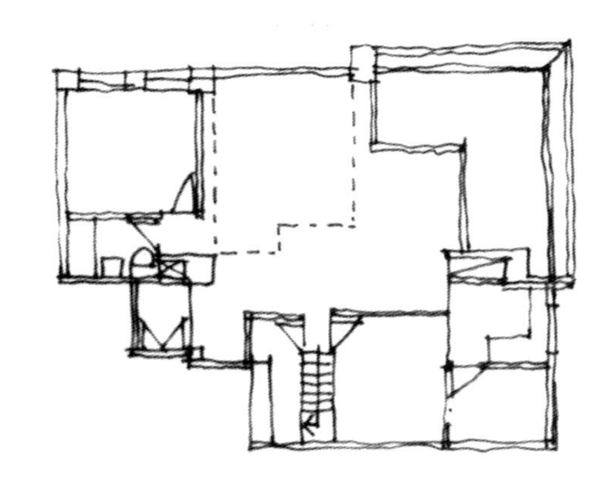

原建筑平面图一层平面图

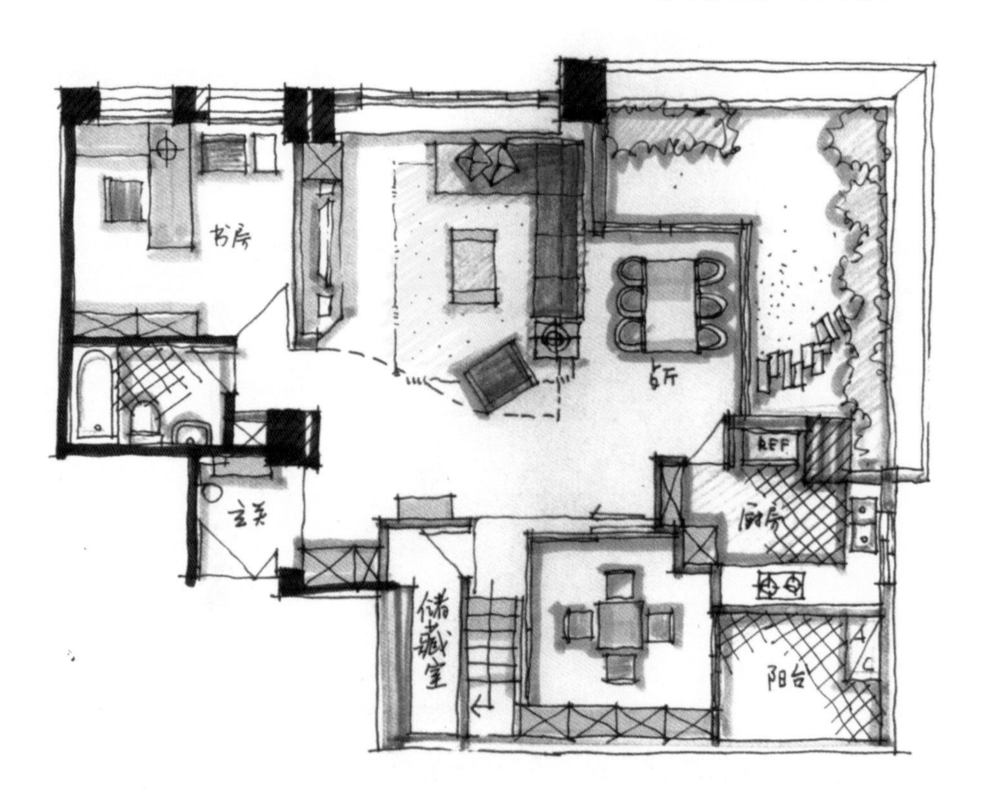

设计师签单时当场手绘完成的平面布置图

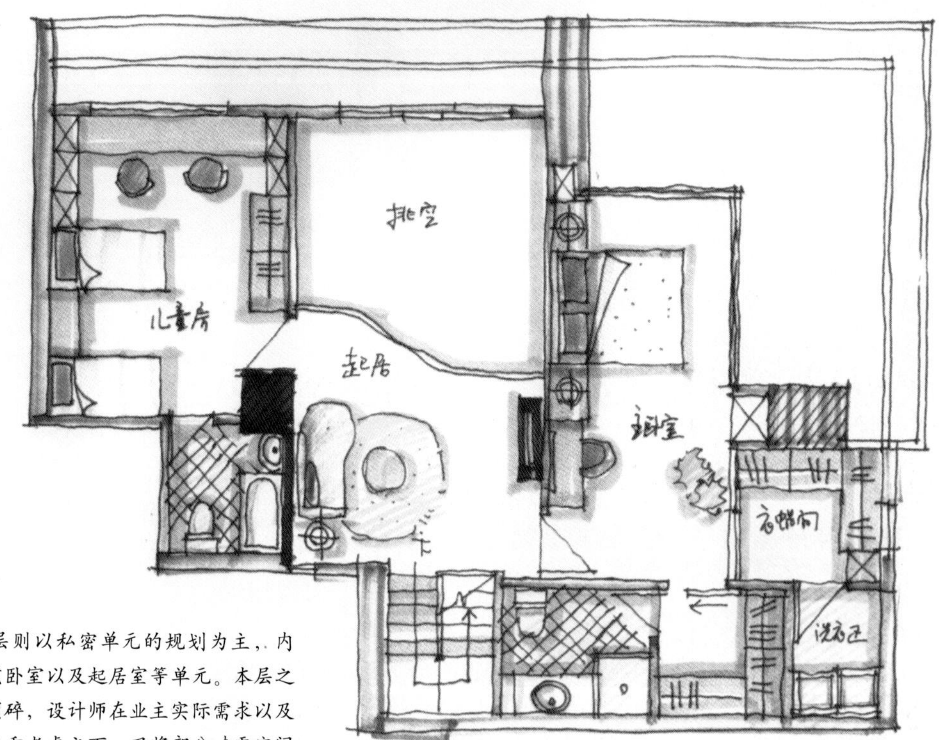

设计师签单时当场手绘完成的平面布置图

而本案上层则以私密单元的规划为主，内有主卧室、小孩卧室以及起居室等单元。本层之原始隔间较为琐碎，设计师在业主实际需求以及格局完整性的双重考虑之下，乃将部分畸零空间归纳入主要单元之中，一方面可补强主要单元的机能性，同时又可使主要单元之格局变得较为方正。例如将连接于主卧室的两个小空间规划为更衣室，而使原本格局曲折的主卧室变为矩形；又如将原小孩卧室内的卫浴设备拆除，移至附属于小孩卧室的一个颇为独立，却不知应作何用的小空间，一方面拓宽了小孩卧室的活动面积，同时亦达到“地尽其利”的效果。这种化零为整的做法，的确能解决美感及实用上等多方面的问题。

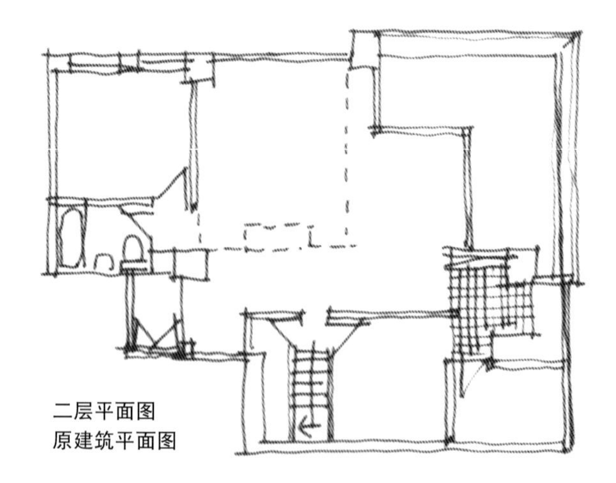

二层平面图
原建筑平面图

上层挑高处的楼板原有道女儿墙，设计师将之拆除，用透空的铁制扶栏取代，并将上层楼地板改为圆弧状，顿时，上下两个楼层间有了较为柔和及明朗的互动关系，而上层起居室的实际使用面积及视觉面积也都因而显得更大了。

设计师签单时当场手绘的客厅效果图彩色完成稿

在经过合理的更正与修润之后，“空间感”便自然而然呈现了出来，搭配上自户外涌入的光与景，实已无需再多添一分繁复的造型或花哨的装饰。故而在建材与色彩的使用上，原始质朴、简洁纯净、比例均衡、稳重潜沉，便成为全案的基调，举凡以水平勾缝修饰的粉石子壁面，展现清水砖之原质美感与排列变化的隔间墙，色泽沉稳的胡桃木橱柜及柚木地板，线条单纯的铁制扶栏，造型利落的家具，重点式配置的灯光设计……无一不透过种种理性的语汇，诠释出整个空间感性的气韵。

餐厅位处L形大阳台的环抱中，透过两大面清澈玻璃落地窗向户外借景，在晨光及夕照下享受合家团聚的一餐，确实引人钦羡神往。

设计师签单时当场手绘的餐厅效果图彩色完成稿

尽管原建筑就有门厅的规划，但设计师在改以清水砖墙取代原有隔间之后，此小空间的独特韵味立即展露无余。事实上，除了门厅之外，所有重新规划的隔间几乎全以清水砖处理，如客厅之主墙面等。

设计师签单时当场手绘的客厅效果图彩色完成稿

第三章
方案创意与表达要点
——方案设计创意与快速表达要点

家庭每个装修空间现在都流行什么？设计师如果能掌握好这些设计特点，做出富有创意的方案，并快速表达出来，就能启动客户的签单按钮。

门厅装修设计现在都流行什么?
——亮出家庭主人的一张名片

门厅就是居室入口的一个区域，是中国传统空间中非常注意的空间。

从功能上来说，门厅是通往客厅的一个缓冲地带，同时也是主人的一张“名片”，或是热情，或是端庄；或是含蓄，或是开朗；都会给客人留下深刻的第一印象。

概括起来，装修家庭在做门厅装修时，应着重考虑和把握以下几个方面：

学习要点

1. 门厅装修设计现在都流行什么?
2. 客厅装修设计现在都流行什么?
3. 餐厅装修设计现在都流行什么?
4. 卧室装修设计现在都流行什么?
5. 儿童房装修设计现在都流行什么?
6. 书房装修设计现在都流行什么?
7. 厨房装修设计现在都流行什么?
8. 卫生间装修设计现在都流行什么?

①保持主人的私密性

门厅是入门处的一块视觉屏障，避免外人一进门就对整个居室一览无余；同时也是家人进出门停留的回旋空间。门厅的设立应充分考虑门厅与整体空间的呼应关系，使门厅区域与会客区域有很好的结合性和过渡性，应让人有足够的活动空间。

设计师签单时当场手绘完成的门厅效果图黑白线条稿

设计师签单时当场手绘的门厅效果图彩色完成稿

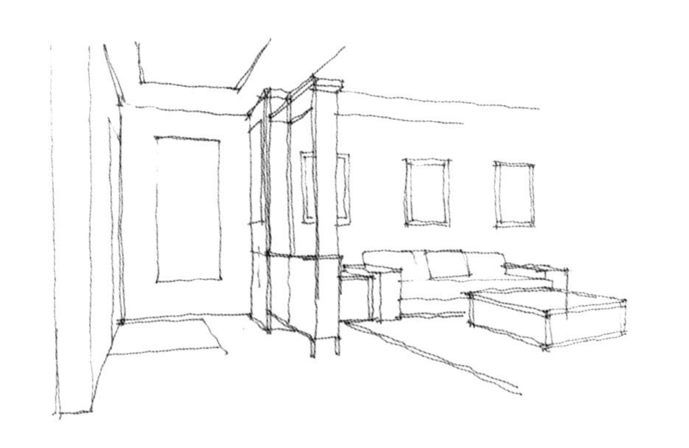

设计师签单时当场手绘完成的门厅效果图黑白线条稿

②方便出入放置物品

门厅应充分考虑到其设置的基本功能性，如换鞋、放伞、放置随身小物件等，有些纯属观赏性的门厅除外。

③犹抱琵琶半遮面

门厅设计应尽量做到遮而不死，即视觉上应感到通透，切勿让人感到压抑。门厅相对于整个空间来说应是“犹抱琵琶半遮面”，让来人有充分的想象和回味的余地。

设计师签单时当场手绘完成的门厅效果图彩色完成稿

④要起到装饰作用

门厅应是整个家居空间中极具品位的地方之一，是视觉的交点，应力求突出表现。门厅的设计切勿繁杂，应以简洁、明快的手法来体现一个家居的特征。

设计师签单时当场手绘完成的门厅效果图黑白线条稿

设计师签单时当场手绘的门厅效果图彩色完成稿

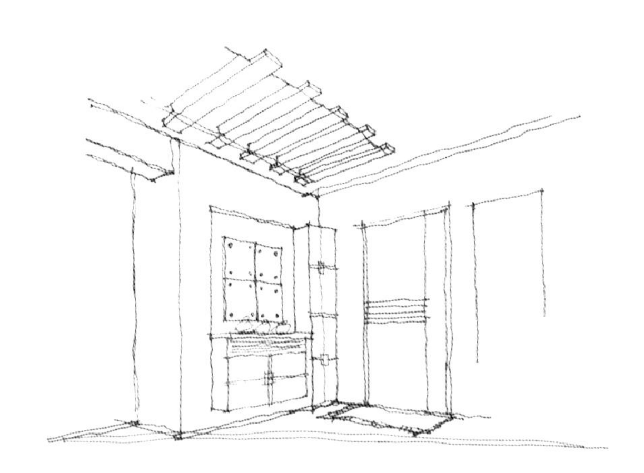

⑤材料要简洁明快

材料和色彩运用应尽量做到单纯统一，给人的感觉要自然而轻松，让一份好心情从门厅开始。

此外，我们在考虑做门厅时，应服从使用和空间上的需要，视每个家庭实际面积和需求而定。并不是每个家庭都能做出非常完整的门厅，有时仅仅在门厅处放上一张柔软的垫子，摆一个换鞋的凳子就起到了门厅的作用了。

设计师签单时当场手绘完成的门厅效果图黑白线条稿

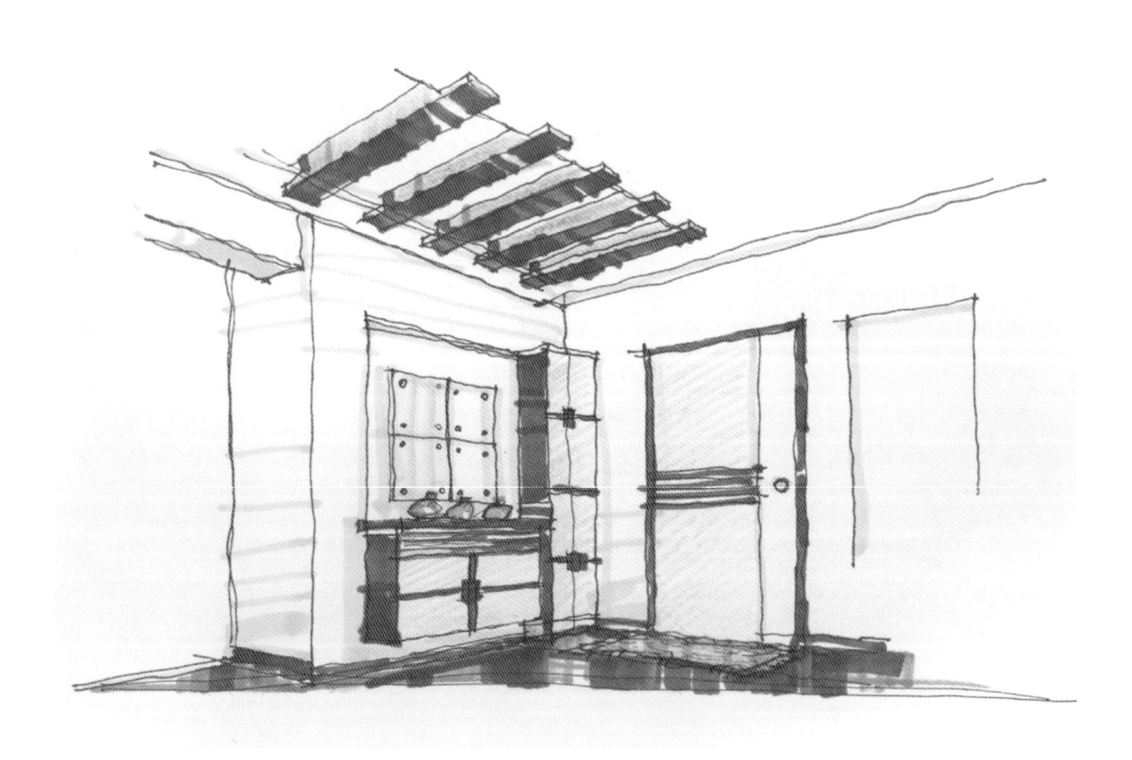

设计师签单时当场手绘的门厅效果图彩色完成稿

客厅装修设计现在都流行什么?

——体现主人身份地位和生活品位

客厅不仅是待客的地方,也是家人聚会、聊天的场所，更多时候是集会客、展示、娱乐、视听等功能于一体的生活空间，因此，客厅是装修的重点，一般家庭都会在客厅的装修上投入较多的财力和精力。

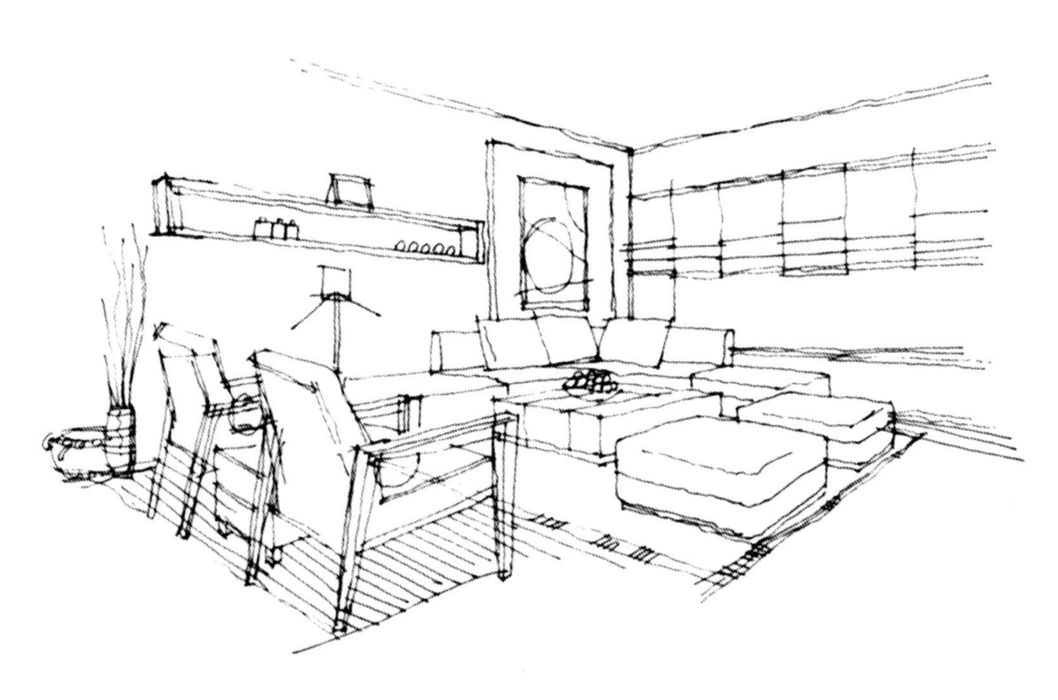

设计师签单时当场手绘完成的客厅效果图黑白线条稿

①客厅奠定了家庭装修的基调：

客厅给人的感觉是优雅明丽，还是古朴雅拙？是雍容华贵，还是热情浪漫？客厅是家的中心和灵魂，体现了家庭主人身份地位和生活品位。因此，装修时除了安排好空间结构和功能外，艺术风格和气氛格调的创造是非常重要的。

设计师签单时当场手绘的客厅效果图彩色完成稿

②客厅要有一个相对稳定的空间

客厅是组织现代家庭生活空间的核心，因此，客厅的面积一般要比较大，空间给人的感觉必须开敞，客厅与门厅和各个房间联系方便、通畅；客厅最好是朝南的房间，阳光温暖，光线明亮；客厅同时要有较好的观景视野，客厅最好能与阳台相连，这样就可以做成落地式的门窗，更显开阔；客厅内一定要有一个稳定的空间用于休闲、团聚，而不必被穿越所干扰，并能较舒展地放置必要的家具和设备。

设计师签单时当场手绘完成的客厅效果图黑白线条稿

设计师签单时当场手绘的客厅效果图彩色完成稿

③面向电视主墙面布置沙发仍是首选

客厅电视主墙面位置以及沙发位的选择和确定对于客厅的配置非常重要。对于面积较大的家庭，客厅可以考虑和视听空间分开，成为纯粹的会客空间。但对于面积不太富裕的家庭来说，会客和视听空间在一起共享，也就是说面向电视主墙面来布置视听设备和沙发家具，仍然是一个很好的选择。

有特殊喜好的家庭，如果面积充足，也可以考虑在客厅一角设置一架钢琴、一个吧台或一个茶座。

设计师签单时当场手绘完成的客厅效果图黑白线条稿

设计师签单时当场手绘的客厅效果图彩色完成稿

④客厅要有装饰重点和趣味中心

如果家装室内的布置非常一般化,就会使人感到平淡无味。如果使整个客厅主次分明,重点突出,形成一些所谓的视觉焦点或趣味中心,就会使人获得深刻的印象和美好的回忆。

客厅主墙面常常是客厅的视觉趣味中心,此外,某些房间的结构面貌常自然地成为注意的中心,如设有火炉的起居室,常以火炉为中心突出室内的特点;窗口也常成为视觉的焦点,如果窗外有良好的景色也可利用作为趣味中心;某些客厅把精心设计的沙发背后范围,作为突出客厅的趣味中心。

壁画、珍贵陈设品和收藏品,均可引起人们的注意,加强室内的重点。如果将个人业余爱好收藏的各种标本,作为室内的重点装饰,可以不落俗套,与众不同。

注意不要选择那些本来不能引起人注意和兴趣的角落去布置趣味中心,在趣味中心的周围,背景应宁可使其后退而不突出。只有在不平常的位置,利用不平常的陈设品,采用不平常的布置手法,方能出其不意地成为室内的趣味中心。

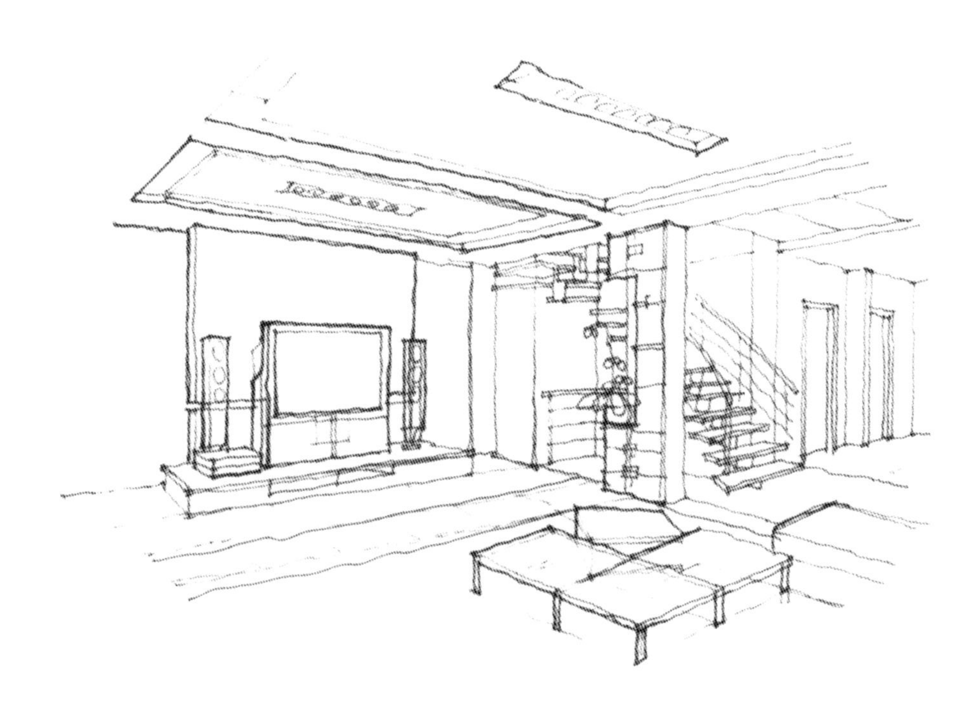

设计帅签单时当场手绘完成的客厅效果图黑白线条槁

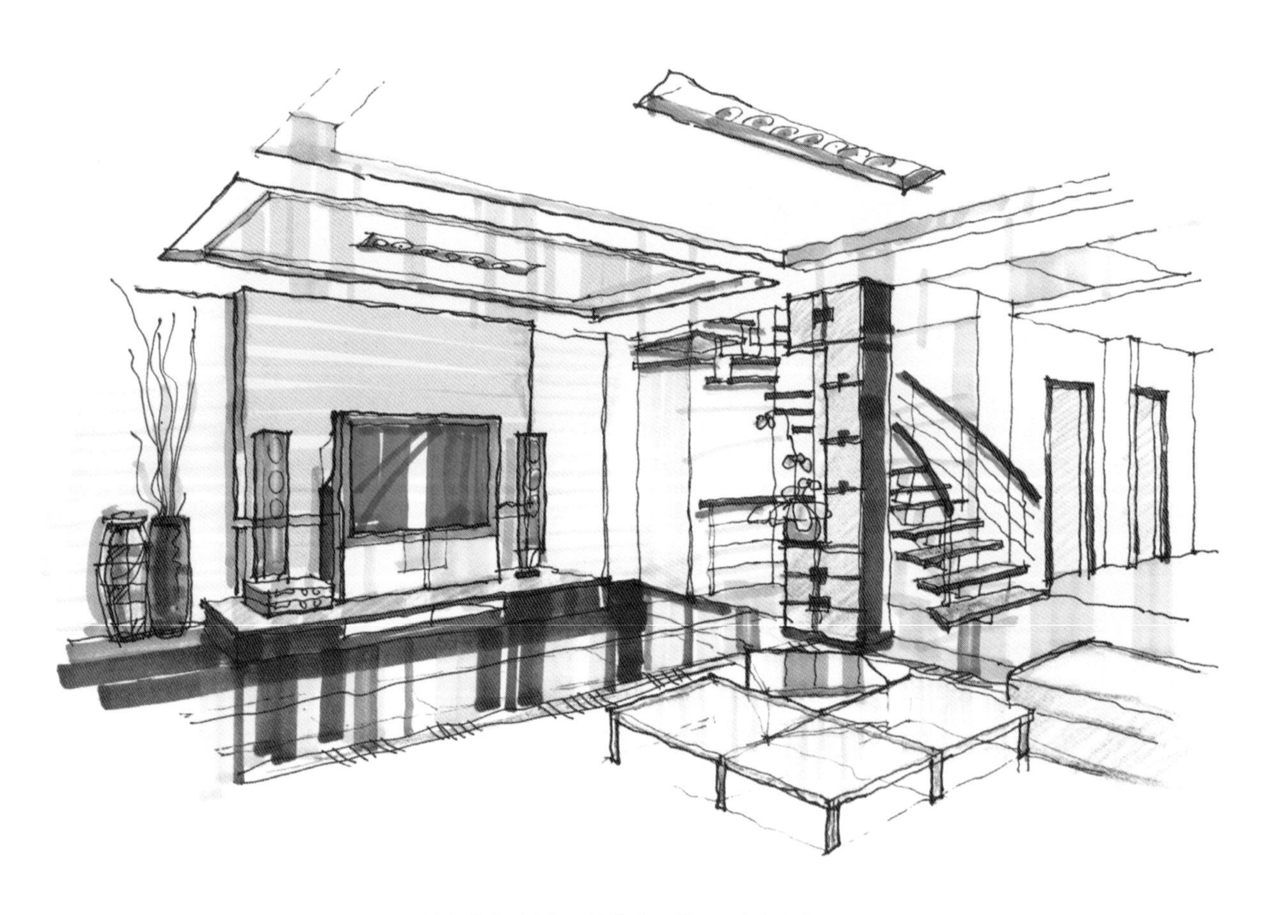

设计师签单时当场手绘的客厅效果图彩色完成稿

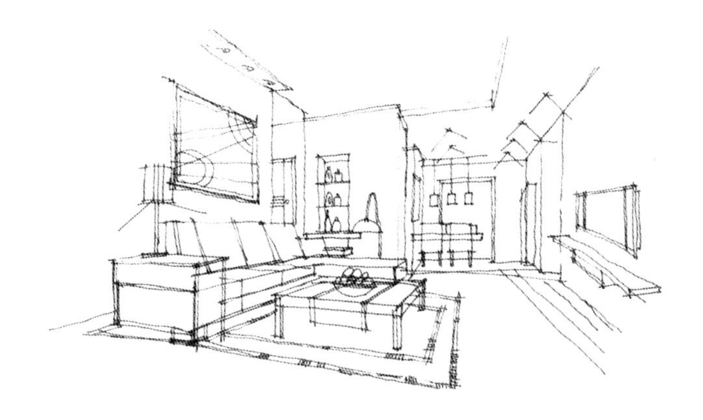

设计师签单时当场手绘完成的客厅效果图黑白线条稿

设计师签单时当场手绘的客厅效果图彩色完成稿

设计师签单时当场手绘完成的客厅效果图黑白线条稿

设计师签单时当场手绘的客厅效果图彩色完成稿

餐厅装修设计现在都流行什么？

——创造一个浪漫和轻松的就餐空间

在忙忙碌碌的生活形态下，就餐是一天里家庭相聚的惟一时间了。一个理想的餐厅装修应该能产生一种愉悦的气氛，使每一个人感觉放松。如果餐厅能有助于家庭成员相互和谐会谈，更是有益。

①餐厅最好独立，不提倡“模糊双厅”

面积较大的家庭最好设独立的餐厅，如果面积有限，也可以餐厅和客厅，或者餐厅和过厅共享一个空间，那么餐厅和客厅或过厅应有明显分区，如通过地面或顶棚的处理来限定出就餐的空间，最好不要出现空间限定不明确的所谓“模糊双厅”。

设计师签单时当场手绘的餐厅效果图彩色完成稿

②餐厅要能创造一个轻松和休闲的空间

餐厅应该是明间,光线充足的餐厅，能带给人进餐时的乐趣。餐厅净宽度不宜小于2.4m，除了放置餐桌、餐椅外，还应有配置餐具柜或酒柜的地方。面积比较宽敞的餐厅可设置吧台、茶座等，为主人提供一个浪漫和休闲的空间。

设计师签单时当场手绘完成的餐厅效果图黑白线条稿

设计师签单时当场手绘的餐厅效果图彩色完成稿

③餐厅的位置最好与厨房相邻，但不宜在厨房内

餐厅与厨房的位置最好相邻，避免距离过远，耗费过多的配餐时间。但对于中餐的烹饪习惯来说，餐厅不宜设在厨房之中，因厨房中的油烟及热气较潮湿，人坐在其中无法愉快用餐。

设计师签单时当场手绘完成的餐厅效果图黑白线条稿

设计师签单时当场手绘的餐厅效果图彩色完成稿

④餐厅应该简洁、明快，给人轻松愉快的感觉

餐厅装修最好是用容易清洁的材料比较好，造型宜简洁，不宜过于繁琐，给人压抑感。色彩要用暖色调和中间色调，避免使用“非可食色”。要善于运用照明来烘托就餐的愉快气氛，餐厅一般都用能伸缩的吊灯作为主要的照明，配以辅助的壁灯，灯光的颜色最好是暖色。

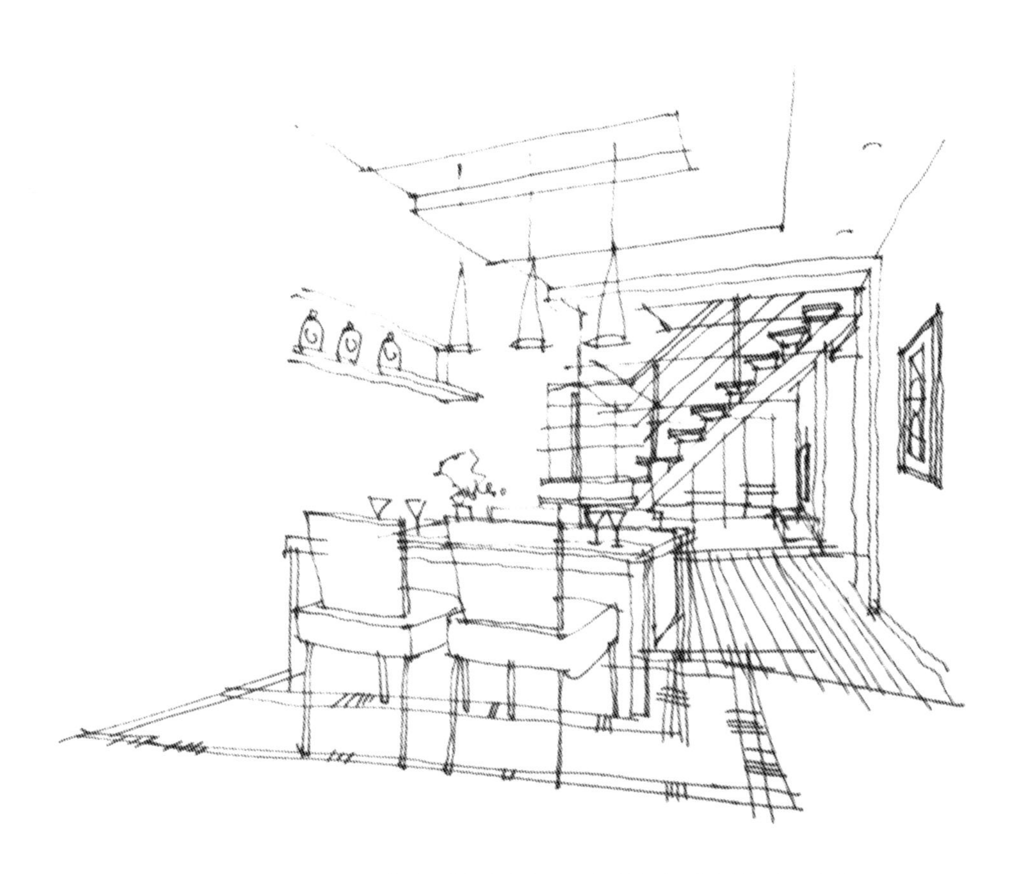

设计师签单时当场手绘完成的餐厅效果图黑白线条稿

设计师签单时当场手绘的餐厅效果图彩色完成稿

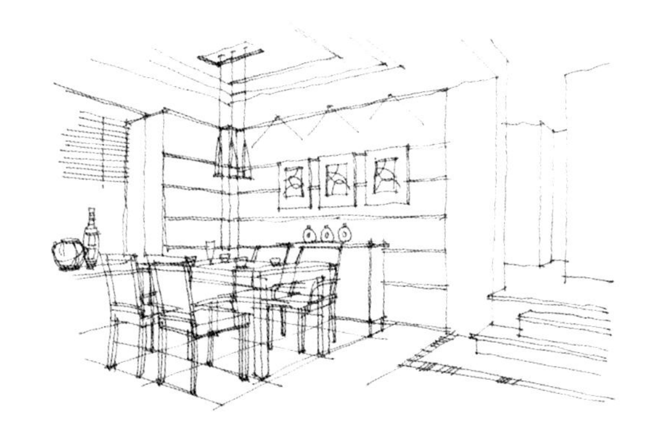

设计师签单时当场手绘完成的餐厅效果图黑白线条稿

设计师签单时当场手绘的餐厅效果图彩色完成稿

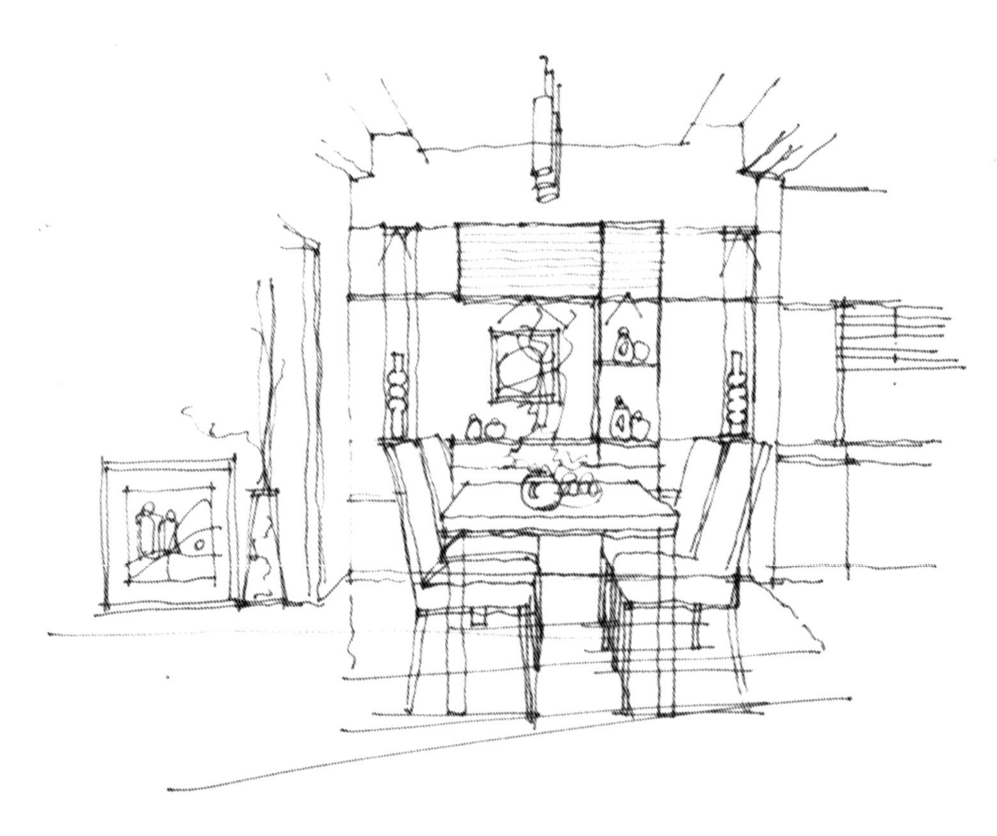

设计师签单时当场手绘完成的餐厅效果图黑白线条稿

设计师签单时当场手绘的餐厅效果图彩色完成稿

设计师签单时当场手绘完成的卧室效果图黑白线条稿

卧室装修设计现在都流行什么?
——营造一个舒适和清爽的个性化休闲空间

卧室是人们在温情、恬静、和美的氛围中养精蓄锐的地方，也是一个私人性极强的休闲区域。因此，在设计上，机能性要强于装饰性，个性化要重于通俗性，休闲性要重于庄重感；沉静较活泼适合，浪漫比明快更能讨巧。

①以床为中心的主墙面造型仍然是装饰的重点

床是卧室装修的主角，床头主墙面的造型仍然是卧室装饰的重点。目前流行的做法是将床与床头柜、床头几做成一体的设计，拉开床垫，底下是一个储存棉被的空间；任意滑动的床头几，可以用来吃早餐、阅读或观赏电视。

设计师签单时当场手绘的卧室效果图彩色完成稿

②大面积的壁柜应尽可能简洁实用

整墙的大型壁柜，将卧室的杂物消除在视线以外，从视觉上取得宽大的空间效果。大面积的柜门对卧室的装饰作用很大，或简洁，或装饰，或采用滑门，或镶上镜子，要根据室内的整体造型或风格而定。

衣柜的内部空间必须根据实际需要而规划，以求使用方便，并充分发挥储藏机能，此外，应设置抽屉和托架以放置服饰及无须挂吊的衣物。

设计师签单时当场手绘完成的卧室效果图黑白线条稿

设计师签单时当场手绘的卧室效果图彩色完成稿

③最好能单独设立一个更衣室和卫生间

睡眠早已摆脱了单纯睡眠的功能，如果有足够的空间，最好设置一间更衣室，不妨把衣柜从主卧室中除掉，让卧室纯粹成为一个单纯的休息空间。

另外，供主卧室单独使用的卫生间也是非常必要的。

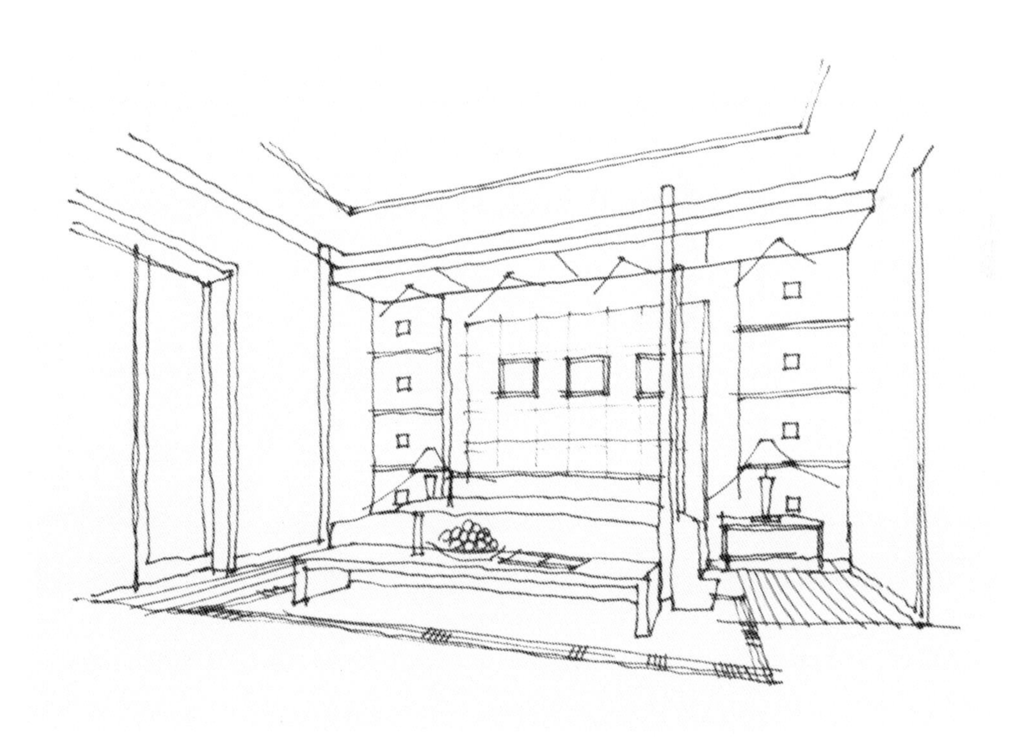

设计师签单时当场手绘完成的卧室效果图黑白线条稿

设计师签单时当场手绘的卧室效果图彩色完成稿

④ 梳妆台并非卧室的主体，造型不宜太突兀

梳妆台的位置，除了安排在常见的主卧室外，也可规划在卫生间和洗漱台结合在一起。梳妆台并非卧室的主体，造型不宜太突兀，应和整体家具搭配。在卧室面积较小的情况下，宜用简单造型的梳妆台，或将衣柜与化妆台结合，或设在独立更衣室。

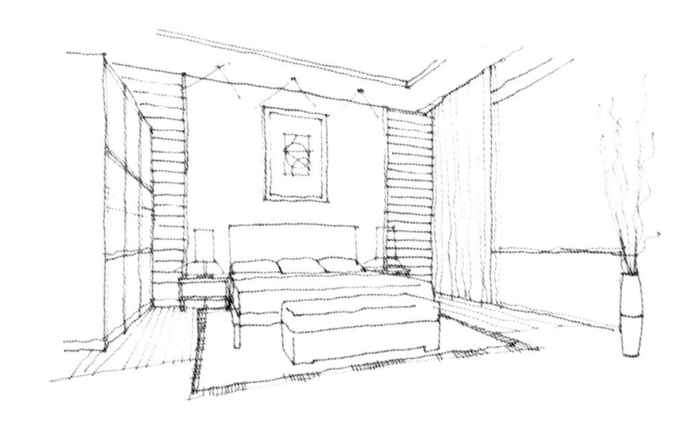

设计师签单时当场手绘完成的卧室效果图黑白线条稿

设计师签单时当场手绘的卧室效果图彩色完成稿

⑤卧室材料和色彩应以温暖、和谐为主

卧室的色彩应以和谐统一为主要配色标准，因此软质的枫木地板，固定或非固定的长毛地毯，都是主卧室较适合的材料。而大理石、地砖等较为冷硬的材料都不太适合主卧室使用；如一定要用，则应以单张的地毯弥补，尤其在床缘两侧。

设计师签单时当场手绘完成的卧室效果图黑白线条稿

设计师签单时当场手绘的卧室效果图彩色完成稿

⑥卧室照明应创造柔和、温馨的气氛

灯光照明要创造柔和、温馨的气氛，应尽可能多用间接光和局部照明，不要千篇一律地在床上方或房中间设一盏吊灯，既单调压抑，又刺眼，影响睡眠。此外，还要注意到光的颜色也会影响人的睡眠。室内最好在不晃眼的高度安一个夜灯，以方便半夜睡醒起来的人。

设计师签单时当场手绘完成的卧室效果图黑白线条稿

设计师签单时当场手绘的卧室效果图彩色完成稿

⑦布艺最能创造温馨浪漫的气氛

布艺是装饰卧室最好的材料，浪漫的床帏，绚丽的窗帘，甚至布料的盒子、布艺沙发等都会对空间有软化的效果。夫妻合影、绘画、淡雅的花卉、浪漫的人体画、漫无目标的抽象画等，都会使室内增色不少。但是，千万不要选择一些太活泼或气势过于恢弘的画挂在室内。

设计师签单时当场手绘的卧室效果图彩色完成稿

设计师签单时当场手绘完成的卧室效果图黑白线条稿

设计师签单时当场手绘的卧室效果图彩色完成稿

儿童房装修设计都流行什么?
——给孩子一个单独的学习和游戏空间

儿童房的装修及装饰手法应视小孩的年龄、性别而定，学龄前的小孩和学龄后的小孩对功能的要求也不近相同，因此要根据男孩、女孩的喜好和生活习惯的差异，细心把握，量身定造，对卧室的气氛应予以不同的渲染和营造。

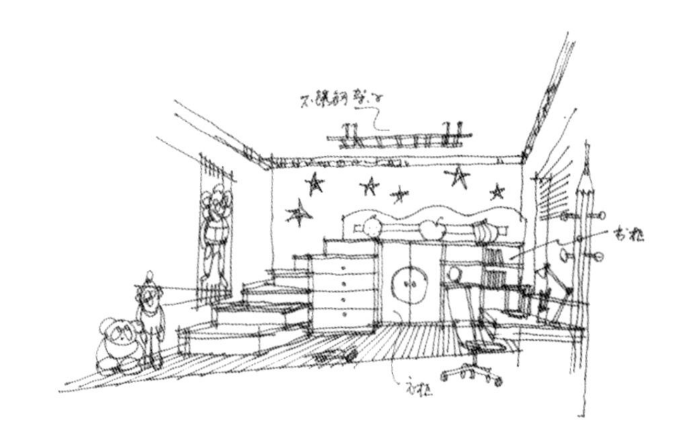

设计师签单时当场手绘完成的儿童房效果图黑白线条稿

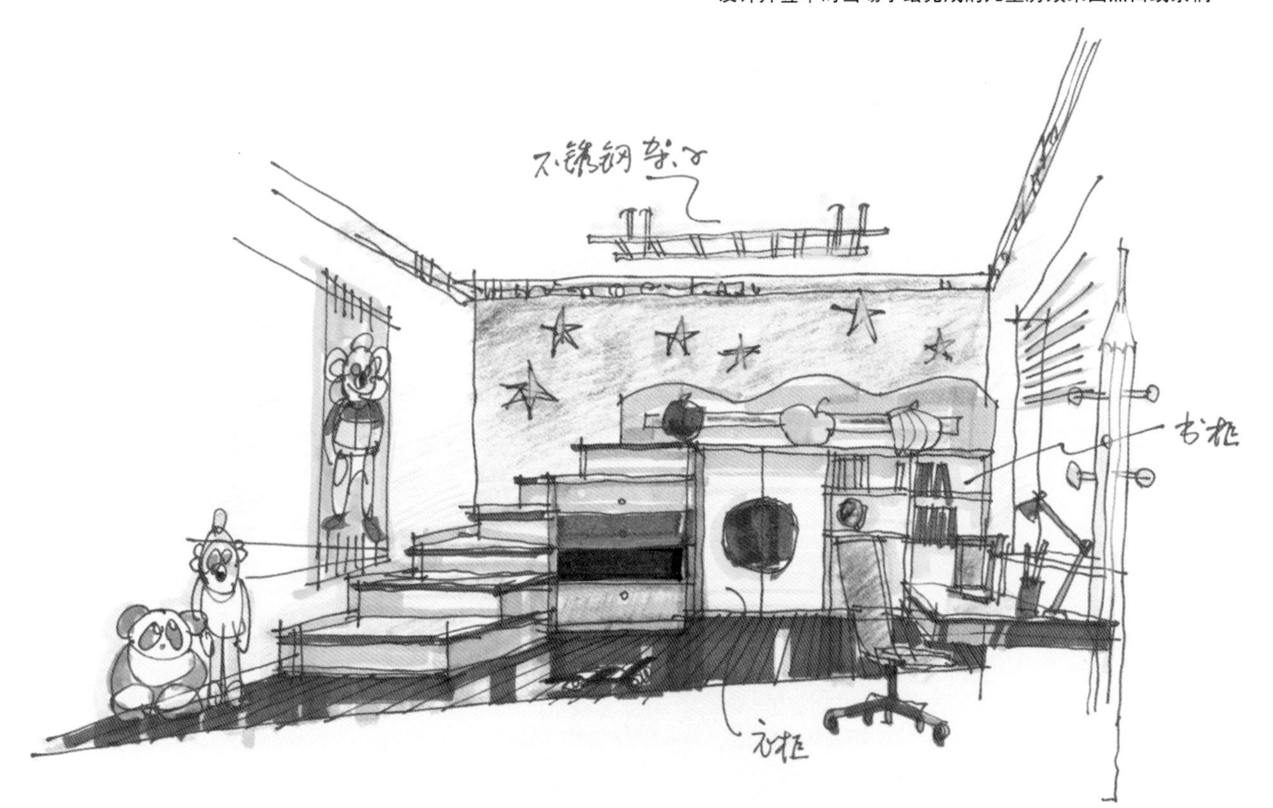

设计师签单时当场手绘的儿童房效果图彩色完成稿

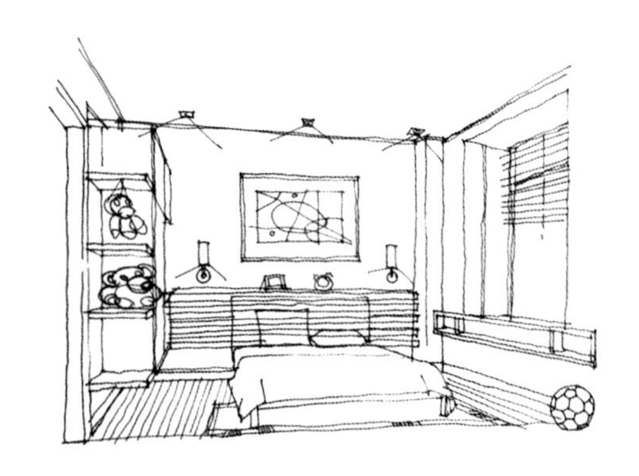

设计师签单时当场手绘完成的儿童房效果图黑白线条稿

①家具在儿童的成长中扮演着很重要的角色

儿童房的家具在儿童的成长中扮演着很重要的角色，最好是用简单的形状，明快的色彩和不加修饰的表面来构成家具。开放式的柜子可以让儿童自己整理东西，学习守秩序的观念。

儿童房储物柜的高度应配合孩子身高，衣柜吊杆应设在小孩可拿到的地方，沉重的大抽屉对小孩而言是很困难的，应设计为浅抽屉。

墙上饰物如软木塞、钉板、留言板或壁板是挂东西的好材料，涂上明朗的色彩，可以充分增加室内活力，是不错的空间利用。

设计师签单时当场手绘的儿童房效果图彩色完成稿

②充满梦幻的材料运用带来无限美好想象

儿童房的地板容易变脏，因此要选用耐脏的材料和颜色。地砖太吵又太滑，普通地毯不好打理，这些都是不好的选择；复合木地板或内壁泡棉的塑胶地毯具有弹性，少噪声、易清洗且便宜，是很好的地板材料。

墙面应选用易擦洗，大方、廉价的材料。如选用耐擦洗涂料等，即使乱画后也可擦洗，随着小孩长大，兴趣变化后，可以重新更换或粉刷。

儿童房材料的运用要能营造欢快、活泼的气氛，充满幻想的材料运用能给小孩带来无限美好想象。

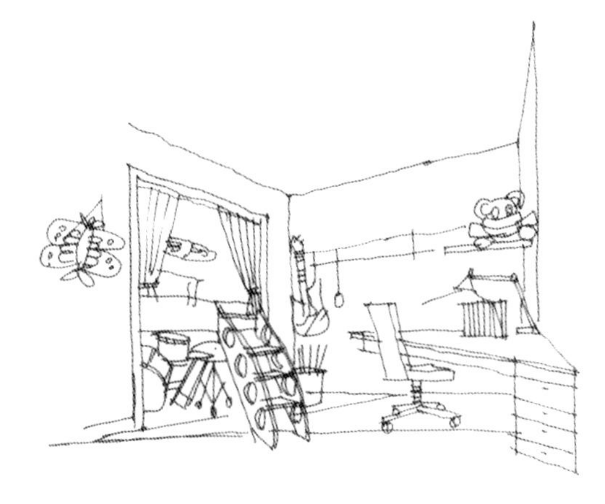

设计师签单时当场手绘完成的儿童房效果图黑白线条稿

设计帅签单时当场手绘的儿童房效果图彩色完成稿

设计师签单时当场手绘完成的儿童房效果图黑白线条稿

③男孩的色彩要像个男子汉，女孩的色彩要像个淑女

要培育男孩像个男子汉，女孩像个淑女，儿童房色彩的选择和调节是很重要的。

一般来说，男孩子喜欢的色彩是青色系列（青绿、青、青紫），女孩子喜欢的色彩是红色系列（红、紫红、粉、红、橙）。无色、黄色系列的色彩则不拘性别，男女都能接受。

设计师签单时当场手绘的儿童房效果图彩色完成稿

④儿童房的照明要有照明和安定情绪等多种功能

儿童房的照明很重要，不仅提供孩子游戏、阅读、学习、休息时充分的光线，更有保护小孩的眼睛，安定小孩情绪，创造空间明快或柔和气氛的作用。除普通照明和局部照明外，夜用的小灯或调光灯是必不可少的。当读书作功课时，台灯也是不可缺少的，且要注意方向和角度。

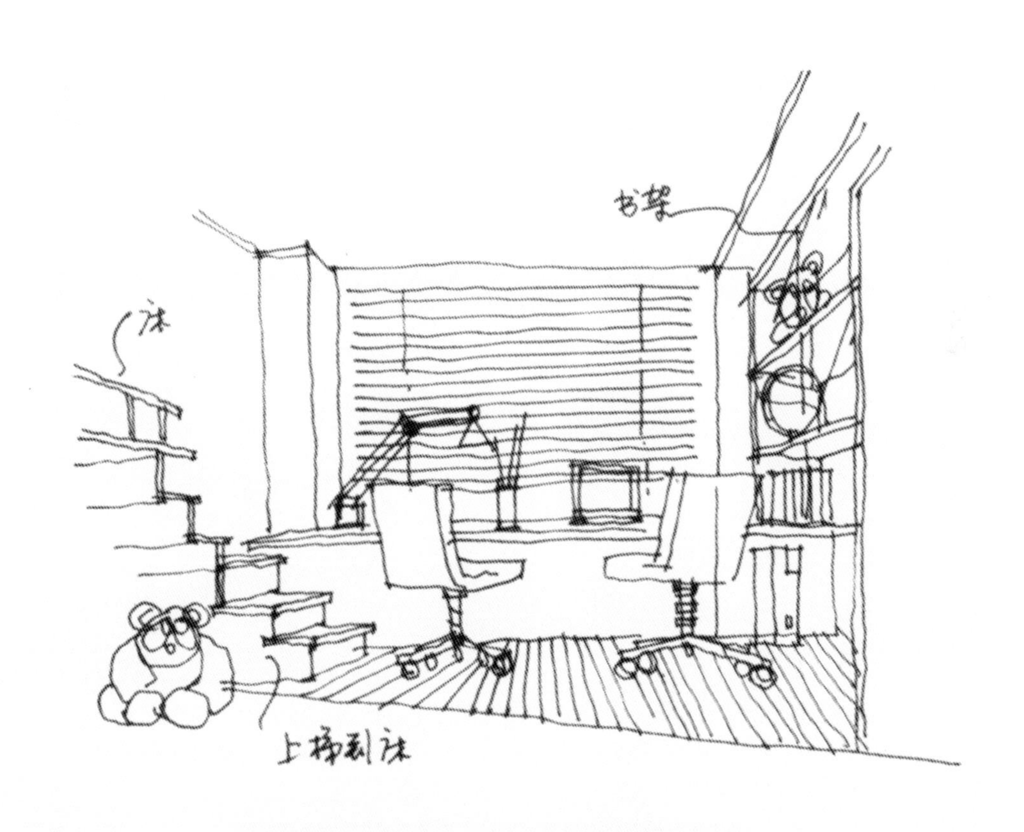

设计帅签单时当场手绘完成的儿童房效果图黑白线条稿

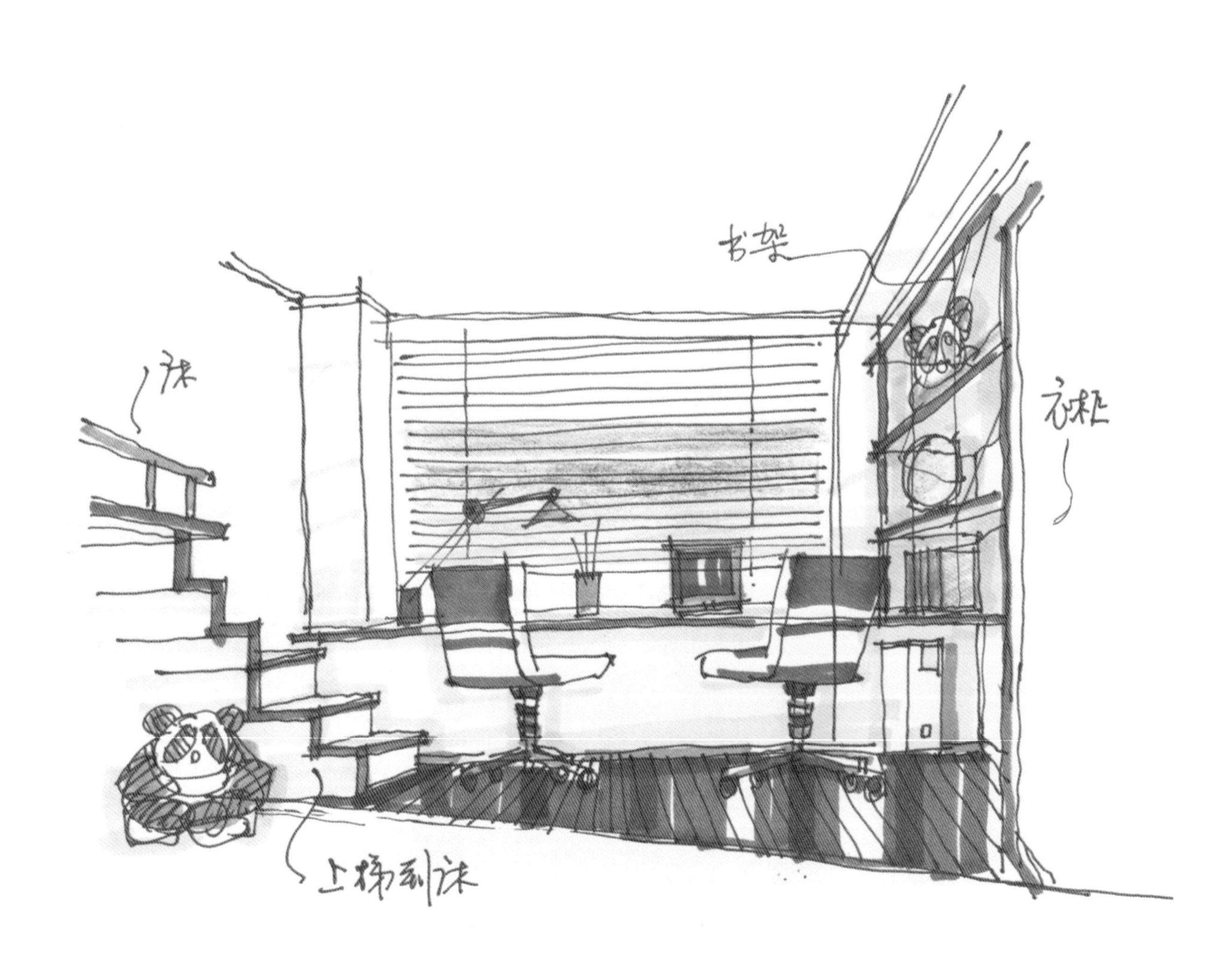

设计师签单时当场手绘的儿童房效果图彩色完成稿

⑤在儿童房使用电器要注意用电安全

除了应该注意电器接头的地方是否松动或磨损，电线是否太长会把人绊倒，台灯是否安全稳当，还要注意插头的安设。此外，小孩房至少要有一盏灯可以在门口开关，而且安设的位置要在小孩伸手可及的地方，方便他们自由进出，也可建议用拉式开关。

设计师签单时当场手绘完成的儿童房效果图黑白线条稿

设计师签单时当场手绘的儿童房效果图彩色完成稿

书房装修设计现在都流行什么?

——一个体现家庭文化品位的地方

书房的配置反映出家庭主人文化需求的一个层面。激烈的竞争迫使年轻家庭不断掌握新的知识和本领，这是主人读书和学习来“充电”的地方。

书房对于不同的家庭要求也不尽相同，但现代家居书房含义的外延也越来越大，除了它本身的功能之外，已具有更多的需求，如可以兼作休闲区、饮茶区、棋牌室或临时客房等。

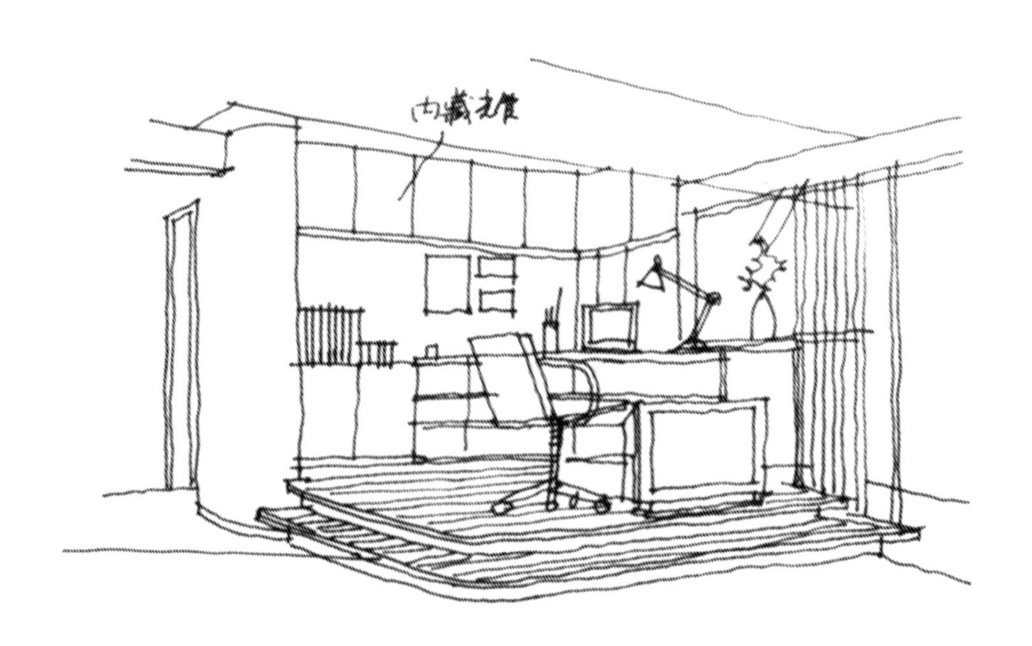

设计师签单时当场手绘完成的书房效果图黑白线条稿

设计师签单时当场手绘的书房效果图彩色完成稿

①开放式的书房已渐渐被人们所接受

书房最好单独设立，但现在开放式的书房已逐步被人们所接受。根据建筑平面的特点，将卧室或客厅的过道设计成一个读书区，既满足了读书的需求，又有效地利用了空间。

设计师签单时当场手绘完成的书房效果图黑白线条稿

设计师签单时当场手绘的书房效果图彩色完成稿

②选择好合适风格样式的书桌和椅子

安排好工作区（书桌）与存放区（书架资料柜）的相互位置，选择最佳的配置状态。选择好合适风格样式的书桌和椅子。桌子的理想高度为725mm，抽屉的功能最好是分类的，按特殊需要专门设计最佳；座椅选用可升降的转动工作椅比较理想。

设计师签单时当场手绘完成的书房效果图黑白线条稿

设计师签单时当场手绘的书房效果图彩色完成稿

③营造出书卷儒雅和雅中求静的氛围

书房的装修应该营造出书卷儒雅和雅中求静的氛围。地板材料以木地板和地毯为最好，墙面色彩应追求稳重和淡雅，以中性色为主。书和字画是书房最好的装饰品，绿化植物也是最好的点缀，此外，要多设置一些方便存放和摆设小件物品的架板。

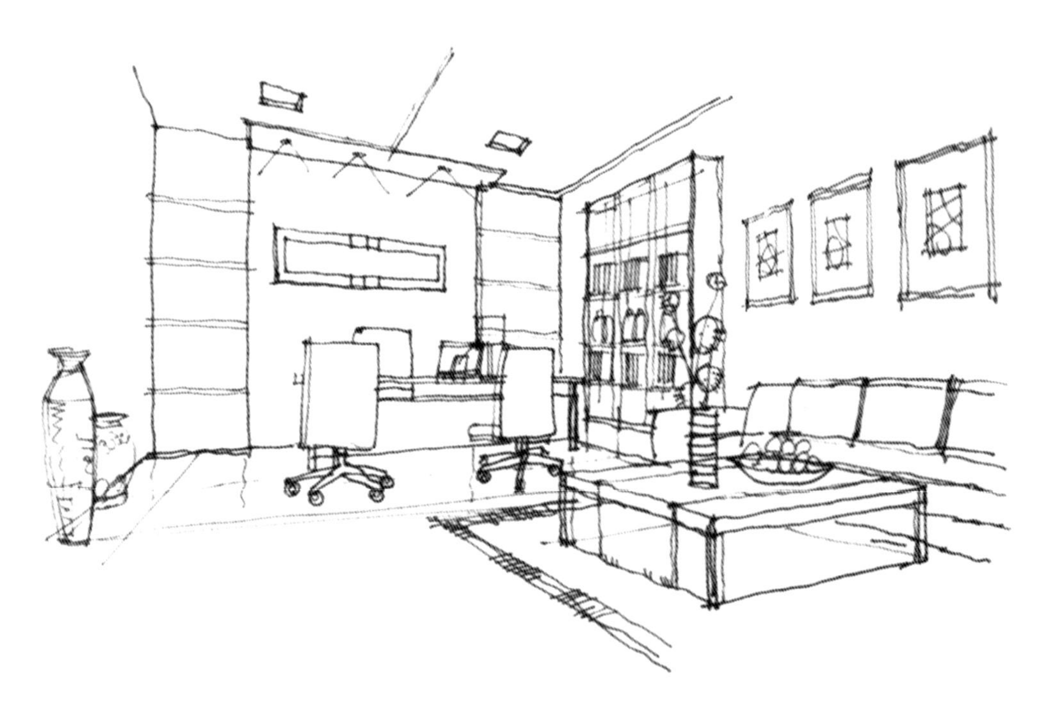

设计师签单时当场手绘完成的书房效果图黑白线条稿

设计师签单时当场手绘完成的书房效果图彩色完成稿

厨房装修设计现在都流行什么?

——一个能制造美味和快乐的地方

厨房是家庭装修的一个重要环节，现代家庭对厨房已是越来越重视了。厨房装修最主要的目的就是让人以轻松愉快的气氛来完成做饭和收拾的工作，所以容易清洁打理和安全高效是厨房装修的首选。

①厨房的布置随面积大小和宽度不同而不同

厨房的布置随面积大小和宽度不同而不同。宽度为1.6m左右，面积较小的厨房可以在单侧一字型布置灶台和橱柜；如果面积较大，宽度为1.8～3m左右，就可以将灶台布置成L形或U形，方便工具和调料的取放，减少操作者的劳动强度，提高劳动的乐趣；如果厨房再大，就可以考虑布置成岛式的操作台。

设计师签单时当场手绘的厨房效果图黑白线条稿

设计帅签单时当场手绘的厨房效果图彩色完成稿

②开放式厨房主要适用于西餐烹饪方式

开放式厨房主要适用于西餐烹饪方式，对于不常在家吃饭的家庭，家庭面积过小，无法有专门的用餐区，也可采用这种形式。但是对于油烟较多的中餐，并不适合。但对于面积较大的厨房，可以三面U形布置操作台，将中厨和西厨分开，将油烟区与冷作业区分离。

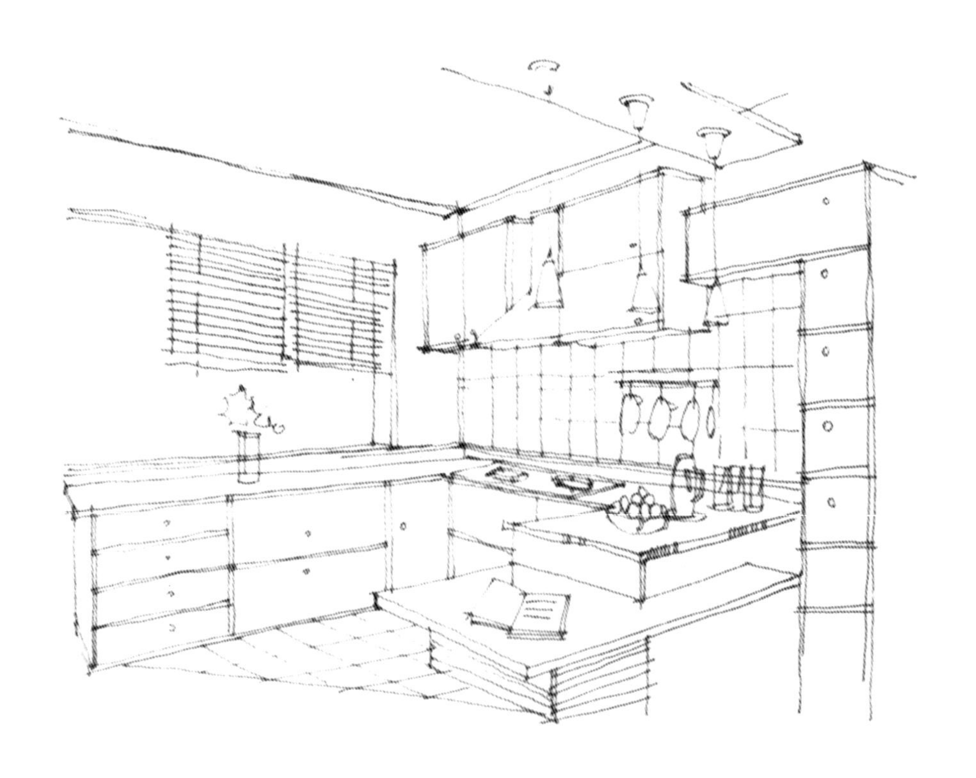

设计师签单时当场手绘完成的厨房效果图黑白线条稿

设计师签单时当场手绘的厨房效果图彩色完成稿

③越来越多的家电产品进入厨房

厨房的装修除了考虑美观之外，更重要的是空间利用率要高，功能要齐全，便于操作，便于打理。特别是越来越多的家电产品进入厨房，消毒碗柜、洗碗机、微波炉、电冰箱、净水器等一系列厨房设备，其空间占用率越来越高，几乎每一处空间都很宝贵。

设计师签单时当场手绘完成的厨房效果图黑白线条稿

设计师签单时当场手绘的厨房效果图彩色完成稿

④易清洁和干净卫生是厨房的必要条件

厨房的装饰应以光洁、整齐为原则，材料应具有方便清洁，不易污秽，防温、防热，耐久性强的特点。

地面采用地砖（防滑地砖），墙壁采用彩釉印花面砖，顶棚采用铝扣板、塑料扣板、烤漆扣板。厨房材料的色彩要明快、甜美，最好用中性色系或“可食色”系列。

设计师签单时当场手绘完成的厨房效果图黑白线条稿

设计师签单时当场手绘的厨房效果图彩色完成稿

⑤套装橱柜被越来越多的家庭所采用

现在，套装橱柜广泛为家庭所采用，而且价格也越来越便宜，而为大家所接受。也有内部结构现场制作而柜门及配件定做的情况，这样价格便宜，效果又好，而且适合场地，功能更加好用。

设计师签单时当场手绘完成的厨房效果图黑白线条稿

设计师签单时当场手绘的厨房效果图彩色完成稿

⑥厨房的采光和通风很重要

明亮、健康、卫生是形成厨房良好空间的必要条件，自然采光是必需的，特别是洗菜盆更要采光充足。在操作面上，作为局部照明设在吊柜下的近身灯、带罩暗槽灯等，由于油烟及蒸汽等原因，应采用拆换、维修简便的灯具。厨房照明影响烹调的颜色，最好使用日光灯，白炽灯是不太理想的。厨房的通风换气很重要，可用换气扇配合抽油烟机使用。

设计师签单时当场手绘完成的厨房效果图黑白线条稿

设计师签单时当场手绘的厨房效果图彩色完成稿

卫生间装修设计都流行什么?
——一个交流感情和放松身心的休闲之所

设计师签单时当场手绘完成的卫生间效果图黑白线条稿

卫生间在现代家庭居室中占有重要的地位，已经被赋予了更多的内容和意义，成为年轻家庭夫妇交流感情和放松身心的休闲之所。

目前，在家居装饰中，卫生间装饰设计愈来愈受到人们的重视，卫生间的投资份额已越来越大，已是整个家居装修工作中一个大比重的项目。

设计师签单时当场手绘的卫生间效果图彩色完成稿

①干湿分离的卫浴概念逐渐流行

主卧室一般有专用的卫生间，而且配套设施齐全，可配套有浴缸和淋浴，还可以配以蒸汽浴和干蒸房。公用卫生间一般都设在靠近客厅，以方便客人使用，一般以配备蹲便器为最好。

现在的卫生间多采用二进式，或用淋浴拉门作干湿分离的间隔，其优点是可保持浴室干湿分离的状态，并且增加各项设备的使用寿命。

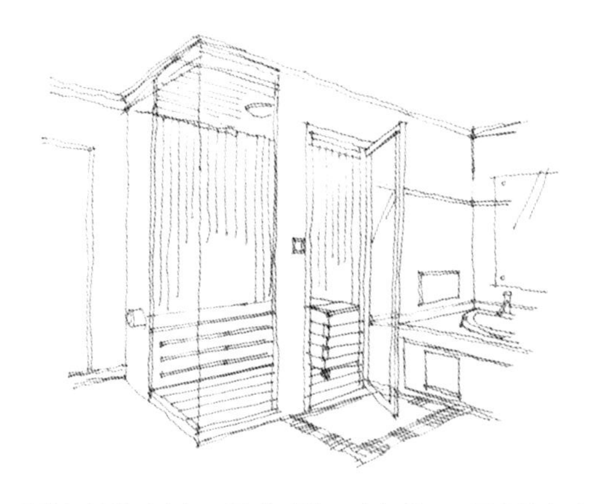

设计师签单时当场手绘完成的卫生间效果图黑白线条稿

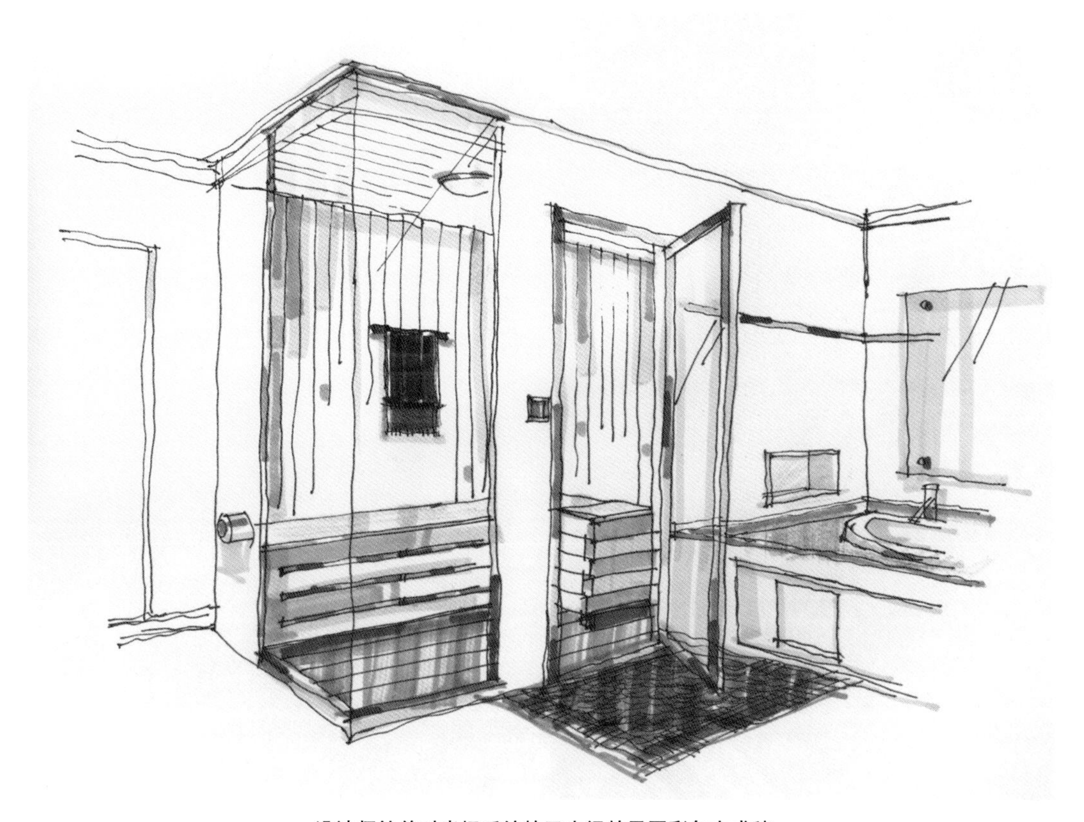

设计师签单时当场手绘的卫生间效果图彩色完成稿

②卫生间也是一个休闲和放松的地方

面积较大的卫生间里一般做了双面盆的设计，早晨夫妻可以一同梳洗、交谈；另外除了坐便器之外，一般会增加一个女士冲洗器；还可在卫生间里加电视和躺椅，甚至可以设一些放置杂志、书报的小柜。

设计师签单时当场手绘完成的卫生间效果图黑白线条稿

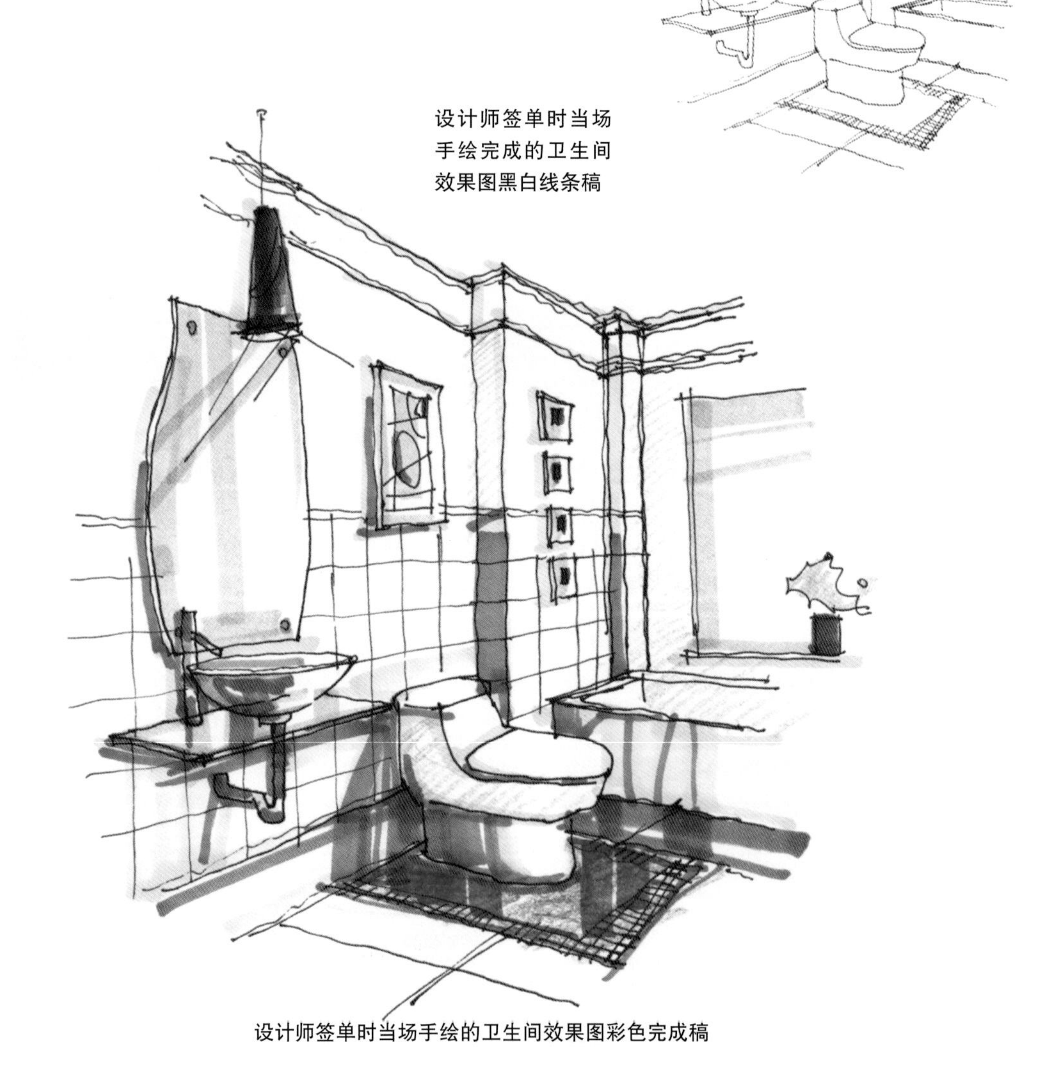

设计师签单时当场手绘的卫生间效果图彩色完成稿

设计师签单时当场手绘完成的卫生间效果图黑白线条稿

③卫生间的照明要柔和明亮

浴室照明灯具宜采用小型埋入顶棚的下射灯或吸顶灯，应以柔和的光线为主，若能配上调光器更是理想。最好是白炽灯，瞬间能够点亮。镜面上方应有灯具，化妆和漱洗亮度才够。对于喜欢在厕所中看书看报的人，灯光照度不可太低。卫生间的开关应设在明显易找的地方，通常设在外面，门口的附近。

设计师签单时当场手绘的卫生间效果图彩色完成稿

④善用死角的淋浴拉门正在流行

可区隔浴室为干、湿区的淋浴拉门，节水卫生，免去清洗浴缸污垢的麻烦，并可避免感染疾病的可能，只要有80cm×80cm以上的空间就可以装设，符合人们使用习惯，且可善用浴室死角。

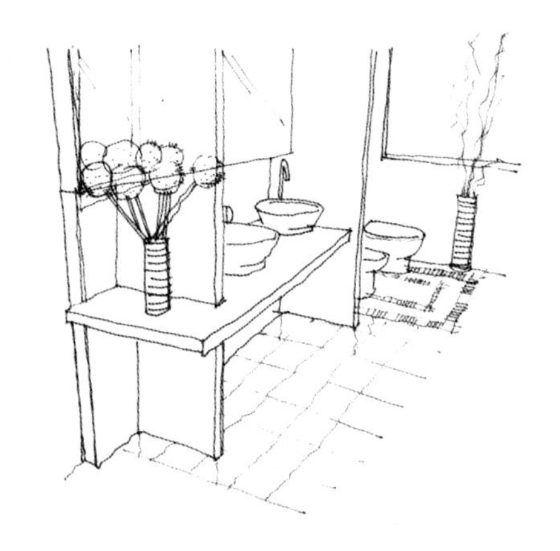

设计师签单时当场手绘完成的卫生间效果图黑白线条稿

设计师签单时当场手绘的卫生间效果图彩色完成稿

⑤营造出一种洁净、明亮、温柔的环境

浴室是个空间狭窄的地方，应尽量避免使用大块材料，或者整个浴室用一种花纹来装饰，最好用无花纹的和有花纹的材料，竖和横间隔的形式来装饰；或者以几何学的形式，重点放在布置巧妙，开阔视野方面，这样才是有效的。

设计师签单时当场手绘完成的卧室效果图黑白线条稿

设计师签单时当场手绘的卧室效果图彩色完成稿

第四章
方案评估与快速表达
——从格局策划看设计创意与表达

可以说，对于自己的设计方案是否优劣的判断和评估，是始终进行的。设计师的设计能力，就是在不断地评估中得到提高的。

怎样评估与检验设计方案?
——学会鉴别家装设计方案的好坏

什么样的家装设计方案是好的设计？怎样才算是有创意的并且优秀的家装设计方案？这对于装修家庭非常重要，一个好的设计方案，决定了家庭装修好坏的成败。同样，正确评估与检验设计方案，对于设计师来说也非常重要。可以说，对于自己的设计方案是否优劣的判断和评估，

学习要点

1.怎样评估与检验设计方案
2.评估一：设计的前期准备工作
3.评估二：设计方案的创意评估
4.评估三：设计方案的美感评估
5.评估四：设计方案的空间与贮物评估
6.评估五：设计方案的风格评估
7.评估六：设计方案的家具设备评估
8.评估七：设计方案的色彩效果评估
9.评估八：设计方案的预算分配评估

是始终进行的。设计师的设计能力，就是在不断地评估中得到提高的。

但是对于初学设计的年轻设计师来说，这似乎并不容易。这里提供了一个简单实用的方法，我们只要按照这个方法，逐项去做，就可以很容易鉴别出设计方案的好坏。家装设计师评估设计方案，或者检查自己的设计方案，都可以按照这个方法进行。

这里附有多个评估表，表内分成八个项目，我们可以逐项加以分析。如果从八个项目来检查，这个设计都有不错表现，便说明这设计是较好的；如果在八个项目中，只有几个表现较好，其他则表现平平，亦可明白这一设计的取向，是只注重解决某些方面的问题；如果各个方面都没有考虑过，显示这个设计可能有问题。

评估一：设计的前期准备工作

图表内有8个工作，都是设计前期准备过程中必需要的步骤。如果设计时已做了这方面的工作，可在空格内打个「✓」号。如果打出8个「✓」，即表示设计师已经考虑过保留原有建筑物的优点，克服缺点；重视户主的各项要求；并有电器、电负荷、室内水压情况、设备、贮物等尺寸作设计凭据。

设计师工作评估表

1	原建筑物的优缺点	
2	家装客户要求	
3	测量图(装修现场测绘图)	
4	家装客户使用的电器资料	
5	家装客户需要储藏的主要物品	
6	设计资料收集	
7	设计方案构想发展	
8	不同设计方案的比较	

从专业角度怎样评估设计方案?

一般来说，从专业的角度，可以从这几方面来观察一个设计方案的优劣：

一、如何创意

包括实用与美观等方面。好的创意得到重视，但如果设计有抄袭模仿的部分，则不会得到高的评价。

二、工艺技巧

①空间计划、尺寸与形状是否适合?

②家具的选择是否妥当?

③用料和结构是否适合功能?

④颜色是否有条理?

⑤照明计划是否良好?

⑥是否耐用及易保养?

⑦是否考虑安全及环保?

三、视觉表现

①装饰风格是否鲜明有个性?

②设计意向是否明确?思路是否清晰?

③如何处理与环境的关系?如何适应当时与当地的条件?

④整体方案设计图纸是否专业，符合规范和设计要求?

这种评估会比较全面及较重视设计师的能力和素质方面。

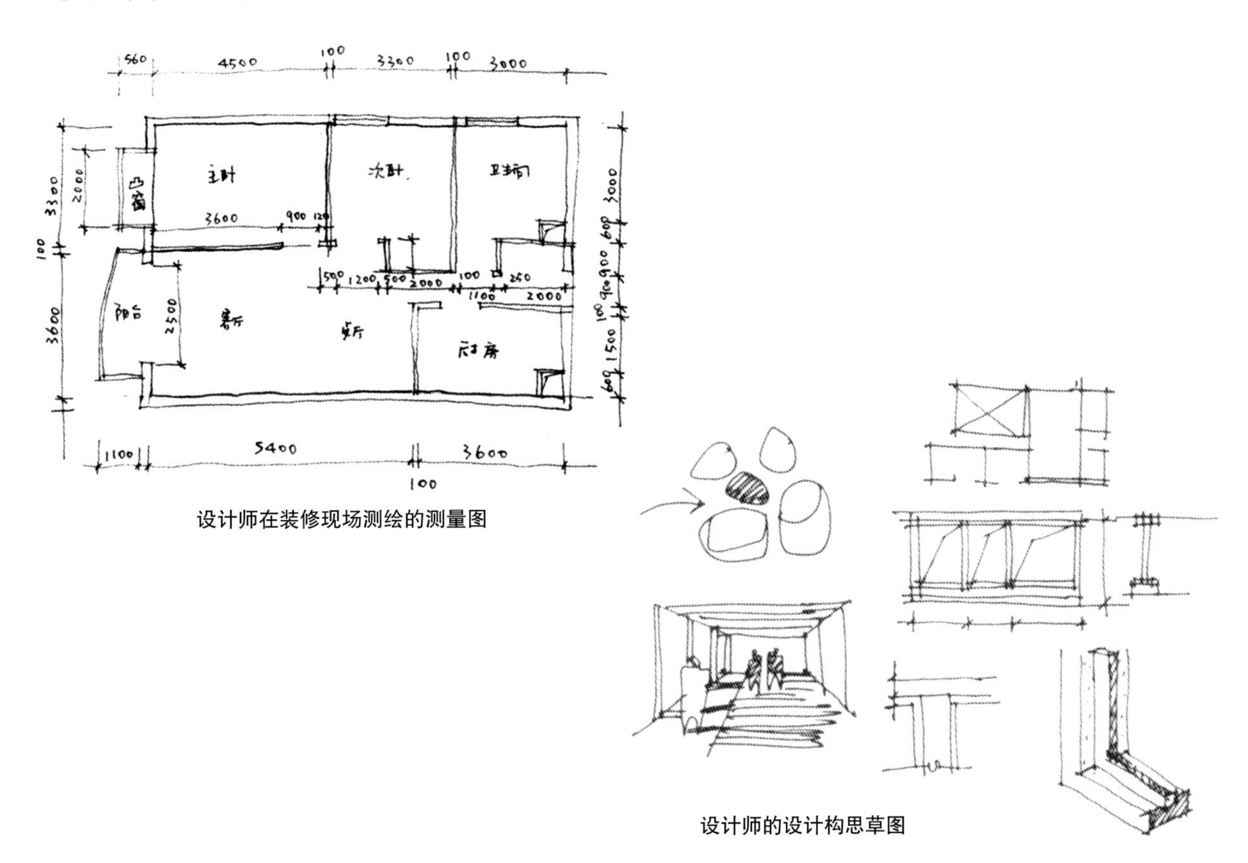

设计师在装修现场测绘的测量图

设计师的设计构思草图

设计师签单实例

设计师开始设计时，如果有资料收集、原建筑格局分析、设计发展及方案比较等等步骤，这样出来的设计效果和质量就有一定的保证了。

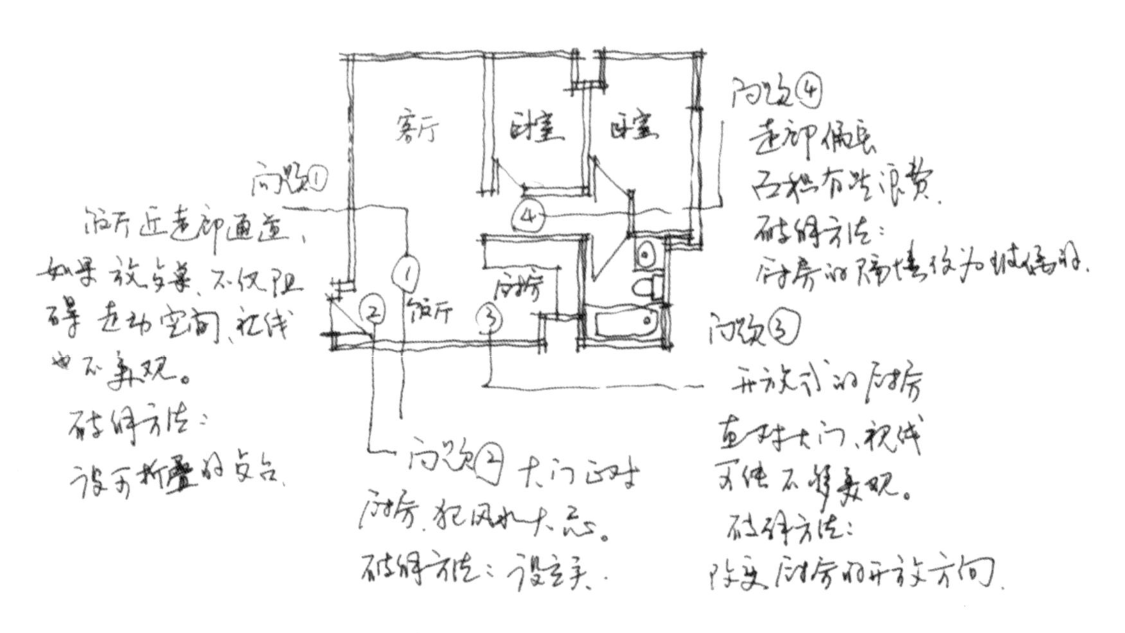

设计师当场手绘的原建筑格局分析图

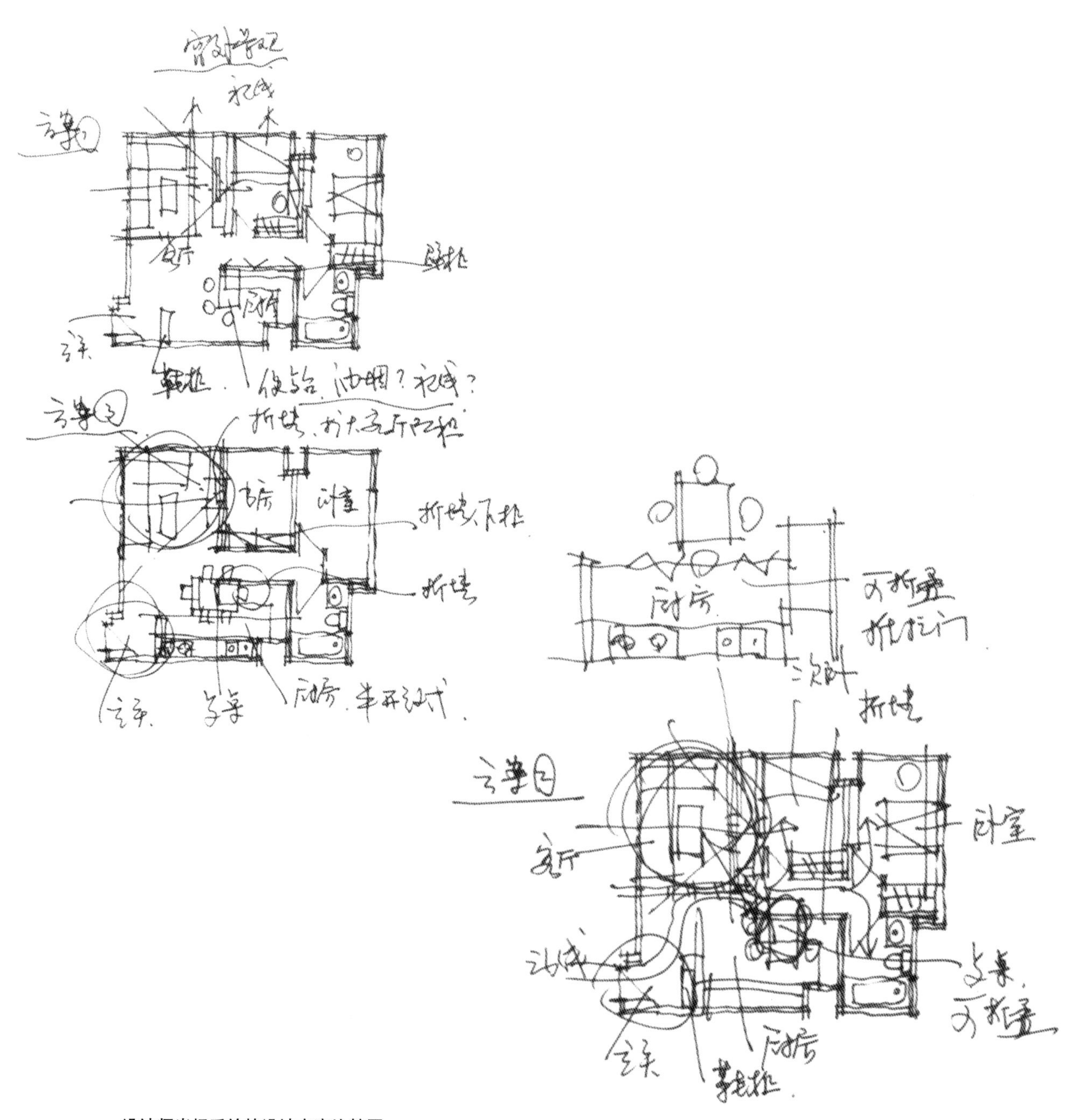

设计师当场手绘的设计方案比较图

设计师签单时当场手绘完成的客厅效果图黑白线条稿

设计师在分析和比较的同时，往往需要手绘出效果图。

设计师签单时当场手绘的客厅效果图彩色完成稿

评估二：设计方案的创意评估

这里说的家装设计的创意，不仅仅是指设计方案造型和色彩的表现，主要是指解决家装问题的方法，是家装设计的灵魂。没有创意的设计方案，是一堆没有生命的废纸。

右面有一个创意表，表内列出了13个项目。现在我们把设计方案内属于创意的地方逐点列出，然后按照表内的项目把创意分类，将同类合计数字填在表内。例如整个设计中属于实用的创意有11个，属于舒适的创意有4个……依此类推，直至把表内项目填满为止。如果有些创意不属于表内的类别，自己可在表内加上新的项目。

设计方案创意评估表

1	实用（如使用功能等方面）	
2	舒适（如方便性和愉悦性）	
3	效率（如流线等功能方面）	
4	安全（如防盗等功能方面）	
5	省钱（经济性）	
6	空间计划（如空间利用方面）	
7	成长性（发展性、弹性）	
8	耐用性（如防止损坏方面）	
9	容易保养（如易擦洗方面）	
10	照明（如照度和气氛方面）	
11	材料（如使用材料是否巧妙）	
12	颜色（如利用色彩来调节空间）	
13	温度及通风（丰富的室内空间变化）	
14	其他（如设计师提供的空间分析草图）	

在创意评估表的项目内，前4个，即实用、舒适、效率、安全，是最重要的。室内设计的目的是提高装修家庭的生活质量，而能否真正做到，则按上述4点来检查，所以把它们放在创意表的首位。如果这4方面的创意不多，就表示在提高户主生活质量的方面做得不足，设计可能有原则问题。

所以设计师首先要检查一下设计方案一共提出了多少个创意，解决的方法如何。这个方法最好是通过图解的形式来表达。

设计师签单实例

设计创意的评估常常要借助于手绘效果图，其中，轴测图和透视效果图是一种常用的方法。

设计师签单时当场手绘完成的客厅效果图黑白线条稿

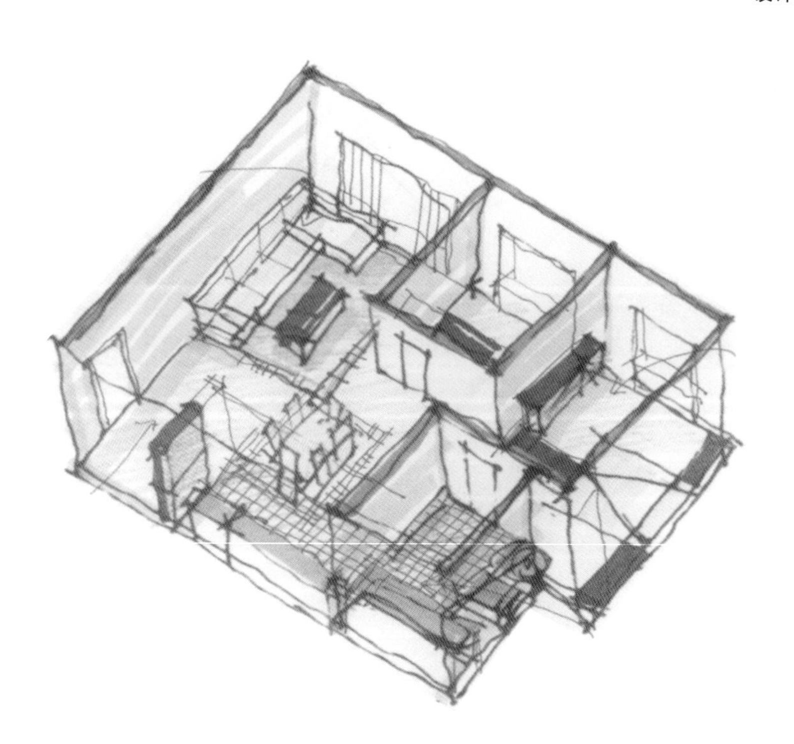

设计师手绘的轴测效果图

设计师签单时当场手绘完成的卫生间效果图黑白线条稿

设计师签单时当场手绘完成的卧室效果图黑白线条稿

设计师签单实例

这是一个跃层式“楼中楼”空间，原建筑平面主要问题是客厅平面不合理，既相对狭小，又不好布置沙发和电视位，联系上下层空间的楼梯位过于隐蔽，没有形成跃层的特点。

设计师详细分析了该户型格局存在的问题，研究了原建筑平面的“优势”和“劣势”，在此基础上，充分利用好“跃层”这一优势，创造出布局合理，富于变化，又有豪华气势的空间，是这一类设计的关键。

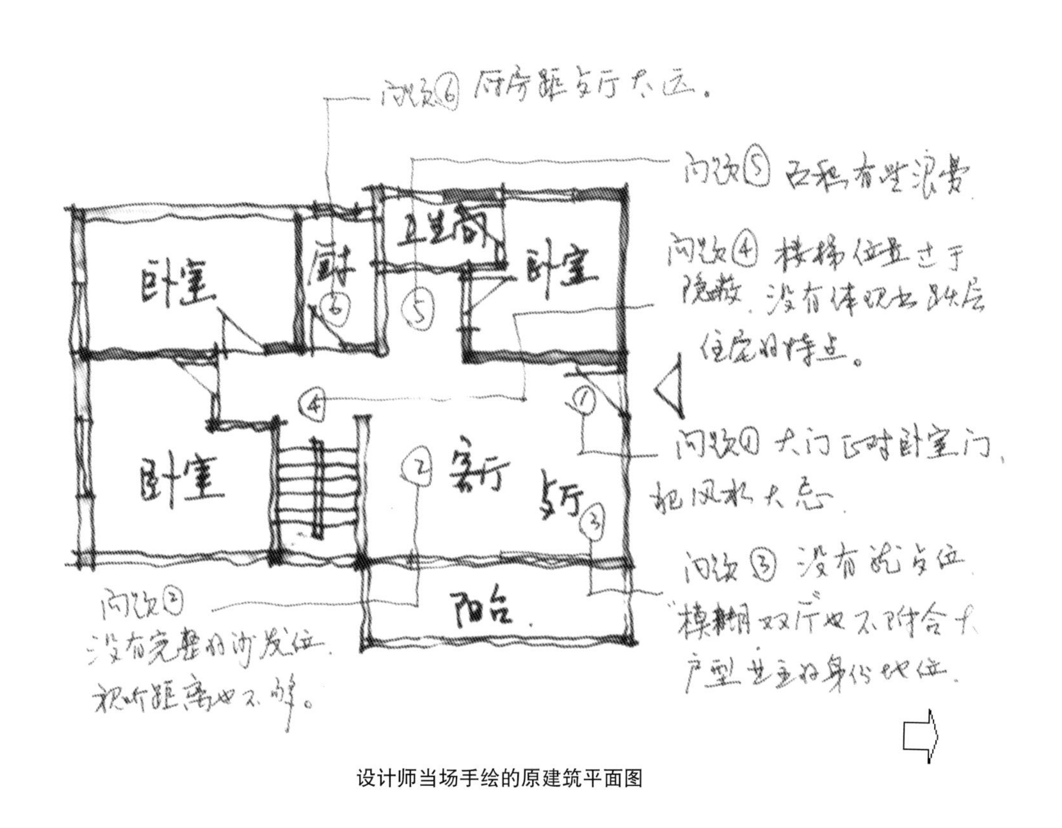

设计师当场手绘的原建筑平面图

把卧室改为独立餐厅，距厨房较近，也比较符合大户型业主的需要。

因为餐厅隐秘性较小，所以把该墙体打开，使空间显得开阔流畅。

移动厨房的墙体，扩大厨房面积。

移动墙面作电视位，解决视听距离不够和没有电视主墙面位的问题。

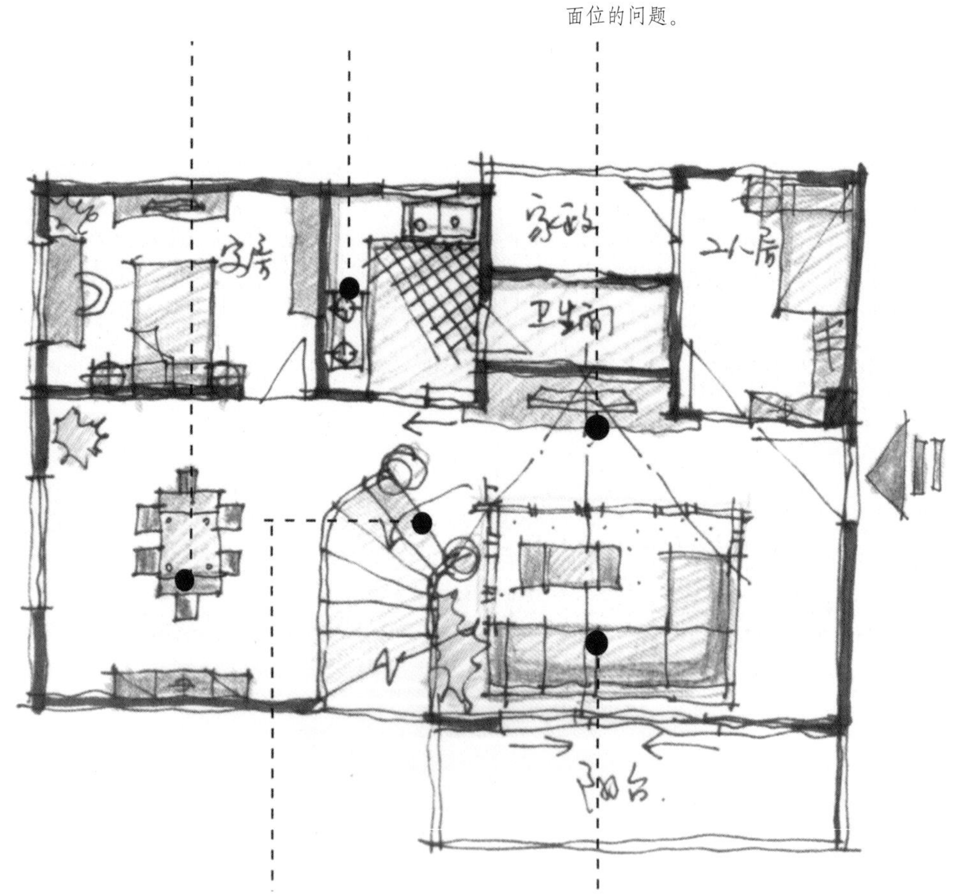

拆去一段墙，露出楼梯位，并将楼梯段改变方向，增强其引导和装饰性，显示出跃层式住宅的魅力。

改变沙发布局方向，既解决电视位问题，又可利用走道作为客厅的一部分，无形中扩大了客厅面积。

设计师当场提供的设计方案平面布置徒手草图

设计师签单时当场手绘完成的客厅效果图黑白线条稿

设计师签单时当场手绘的客厅效果图彩色完成稿

评估三：设计方案的美感评估

设计一个居室空间，单是创意和实用都不够，还有一项重要的要求，就是美观。比如一间房子，要住8个人。无疑，睡地板也可以住得下，但是不美观。所以设计如果不美观是不行的。只解决了实用问题，却忽视美观的问题的，可称为“工匠式设计”。

在家庭装修中，什么元素可以营造美观呢？表内列出12个项目(当然亦可以视需要增加)。装修家庭可以逐项填出。

这里说明一下：是否每个设计都要用上表内的全部创意和美感元素呢？不一定，视设计师的意念而定。这种评估的作用是能把设计师的取向明确地介绍出来，以供设计师本人或装修家庭参考。要指出的是，这里谈到的创意和美感的评估只能显示设计的取向，但不能显示出设计的思维层次。设计师评估时不要忽略这一设计在创意与美感方面的素质。

设计师方案美感评估表

1	统一的调和	
2	变化的调和	
3	对称的平衡	
4	不对称的平衡	
5	放射的平衡	
6	对比	
7	尺度	
8	比例	
9	重复节奏	
10	韵律节奏	
11	放射节奏	
12	重点（视觉中心）	

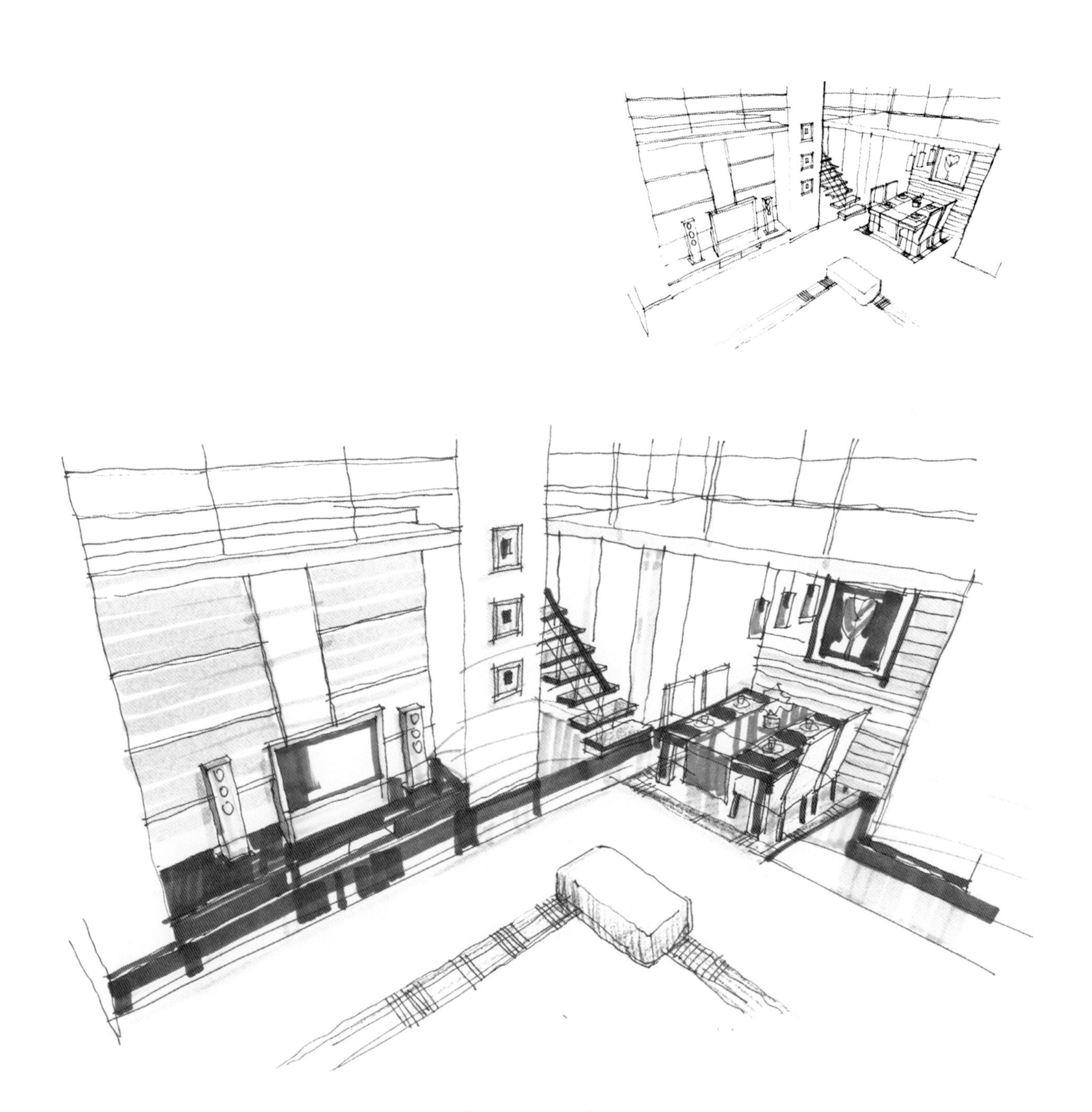

设计帅签单时当场手绘的客厅效果图彩色完成稿

设计师签单时当场手绘的餐厅效果图彩色完成稿

卧室主墙面的窗（视觉中心）

电视主墙面中的不对称平衡

电视主墙面中的对称

楼梯中的旋律与节奏

餐厅中的对称

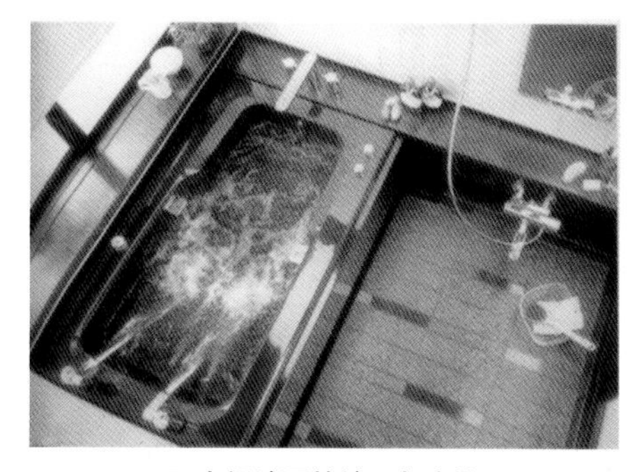
卫生间地面的统一与变化

餐厅中的重复

餐厅中的对比

电视主墙面中的对称

电视主墙面中的重复

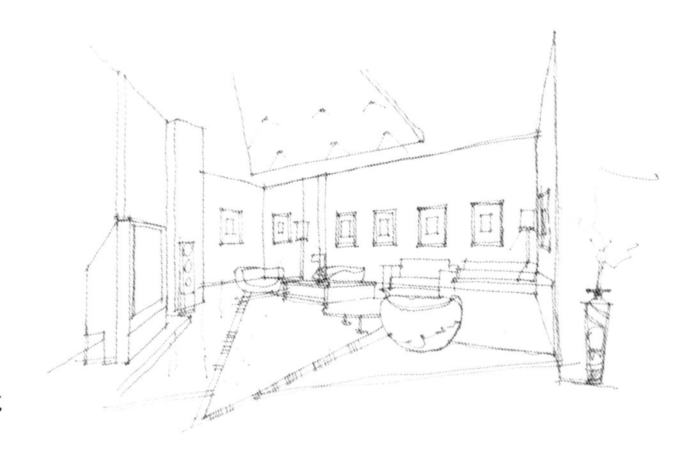

设计师签单时当场手绘完成
的客厅效果图黑白线条稿

设计帅签单时当场手绘的客厅效果图彩色完成稿

评估四：设计方案的空间与储物评估

空间计划涉及分区、间隔、动线、通道、活动空间各方面问题，这些方面的设计多已有基本做法。这里所谓空间率，是指在一个住宅的内部面积里，地面活动空间的百分比。面积小的住宅，摆放了每人基本生活需要的家具设备之后，活动空间已不多了。如果空间率为50%，即家具位与活动空间各占一半，已很拥挤。有些空间率低至42%，即家具设备占去58%，活动空间只余下通道位置，这就属极度挤迫的恶劣居住环境。这时设计人就需要利用室内设计的方法加以改善，应保持空间率在合理的百分比位置。至于面积较大的住宅，如内部面积在80～90m^2以上，虽有较多的家具设备也已有足够的面积摆放，空间率就会增加。较大单位的活动空间根本不成问题。我们要注意的是内部面积在50m^2以下的空间。

住宅中的收藏一般分公用和个人的收藏。又可分为非用品、稀用品和常用品。储物的评估主要是复核是否已准备足够的地方储物。按常规一个人大约要1m宽的储物位（到顶计）。

室内空间的美观与储物的妥善收藏分不开

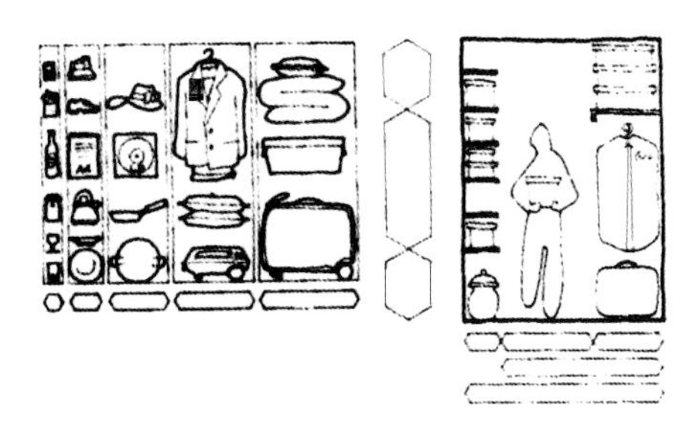

收藏品的位置与尺寸

储物表							
人数	1	2	3	4	5	6	7
储物							

说明： 储物栏一格代表1m宽的储物位（到顶棚计）。

例如，对某家装方案设计方案作储物评估：假如某家庭人数是4人，则在人数栏画圈 ；而储藏位加起来有10.5m，也在储物栏中画出。

从图中可以看出，储物位超出人数，则说明该设计方案在储物方面是宽裕的。

住宅中的收藏很重要，是让人看得见的收藏法好，还是藏起来好呢？这对室内美观是一个重要的课题。从某种程度上讲，家装室内设计只有把这个问题处理好，才能产生出美感。

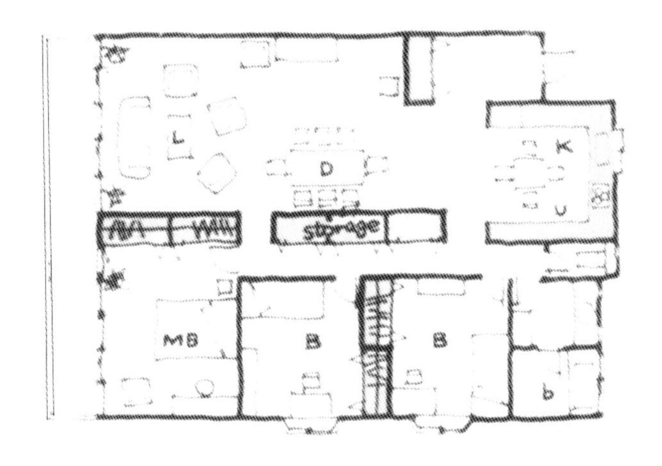

家庭中廊和壁柜的储藏位

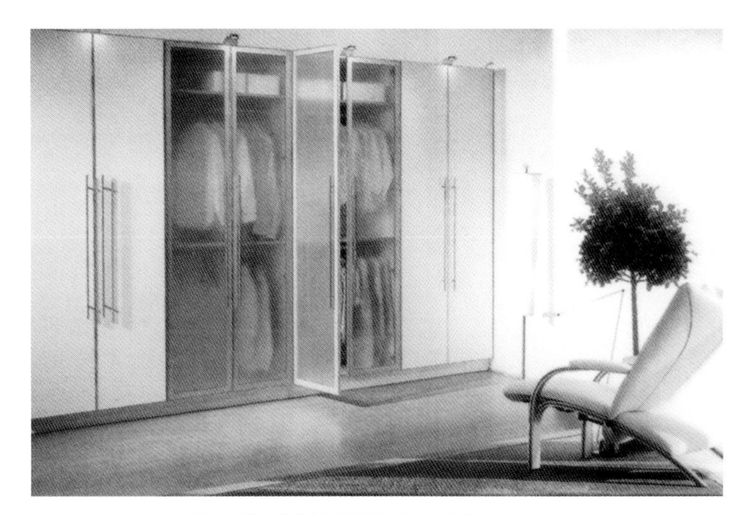

室内空间的美观与储物的妥善收藏分不开

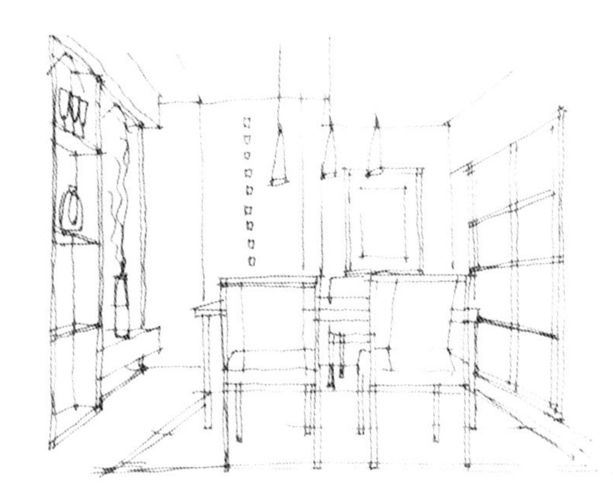

设计师签单时当场手绘完成的餐厅效果图黑白线条稿

设计师签单时当场手绘的餐厅效果图彩色完成稿

评估五：设计方案的风格评估

风格鲜明的家居设计，比之面目模糊的设计，当然优胜许多。所以我们需要将设计方案的风格加以评估。评估时需要回答以下三个问题：

①设计方案属于什么风格？

②这种格调是否调和一致？“调和”不是千篇一律。现代有折衷派的设计，将中外古今熔于一炉，都可以很协调。

③这种格调是否配合装修家庭的生活方式、个人品位或社会地位？

家装室内设计的风格，在这个座标中都可以大致找出装修风格的性质，所表达的感觉，以及所用的手段（造型、色彩、质感、照明、装饰）是否符合装修家庭的要求和需要。

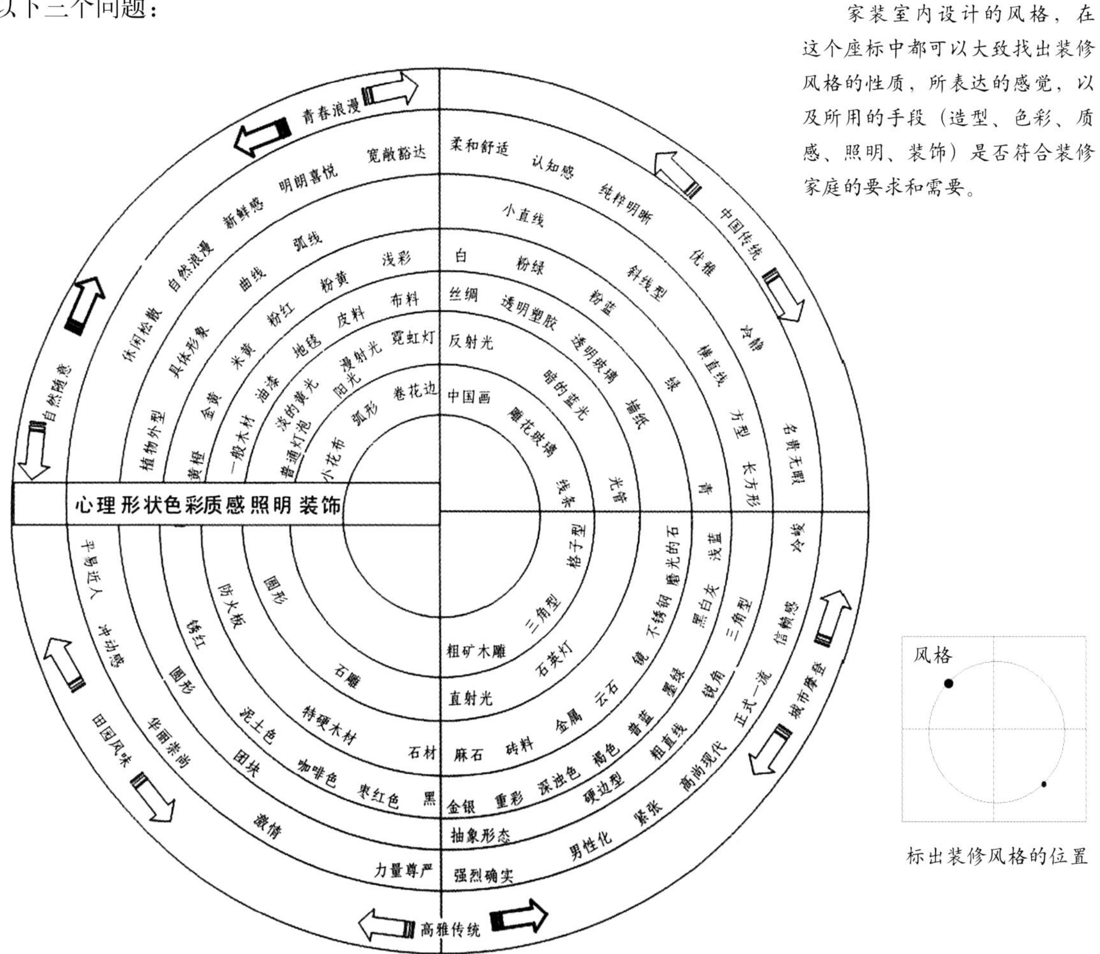

家庭装修设计方案风格速查座标

下面提供了几种常见的装修风格的实景图片，家装业主可以参照设计师提供的设计方案加以比较，看其在色彩搭配、家具样式等方面接近哪一种风格。家装业主在比较时注意：如果非常接近，就选择①；如果比较接近，就选择②；如果相差很大，就选择③。然后，把每个图所选的数字相加，和越大，就说明配色效果较好；否则，就说明配色较差。

高贵豪华的风格　1　2　3

高贵豪华的风格　1　2　3

青春浪漫的风格　1　2　3

城市摩登的风格　1　2　3

自然随意的风格　1　2　3

田园风味的风格　1　2　3

中国传统的风格　1　2　3

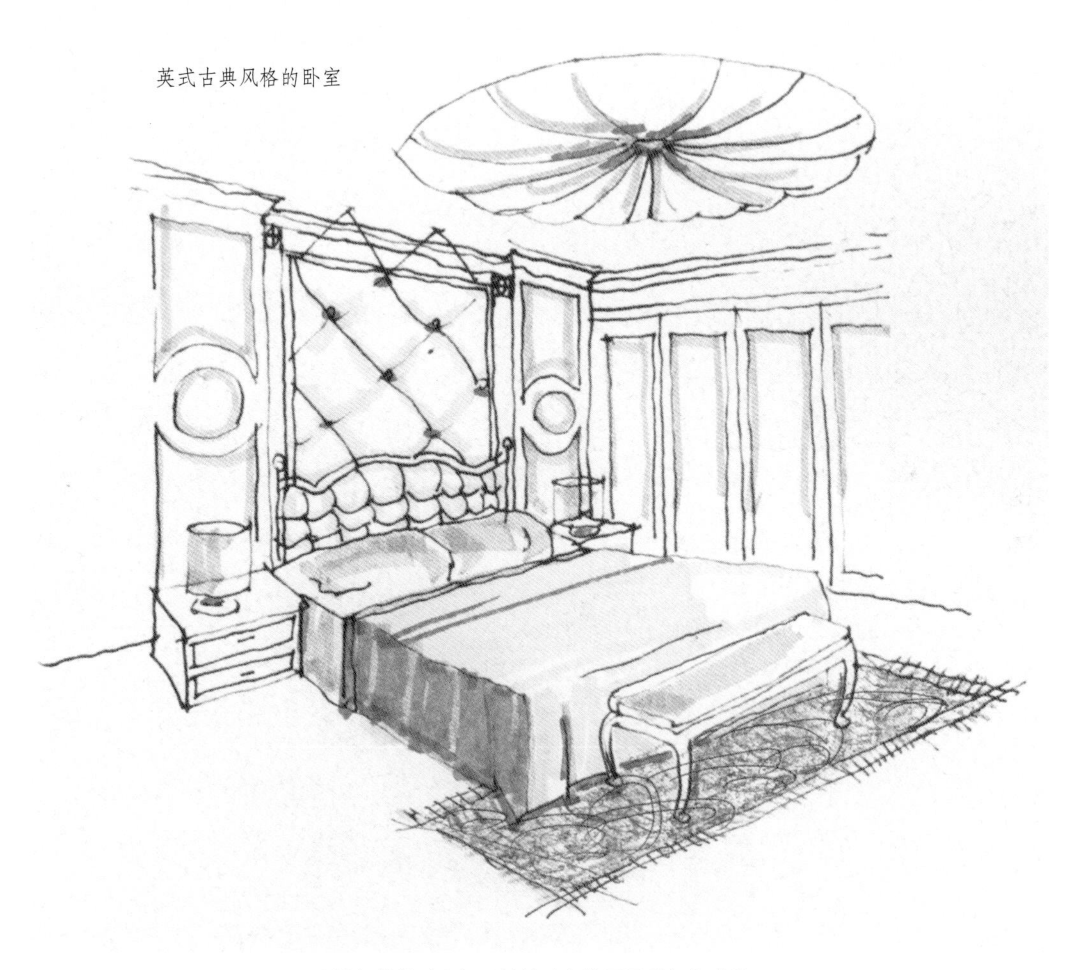

设计师签单时当场手绘的卧室效果图彩色完成稿

现代风格的餐厅

设计师签单时当场手绘的餐厅效果图彩色完成稿

设计师接单时当场手绘完成的客厅效果图黑白线条稿

欧洲法式古典风格的客厅

设计帅签单时当场手绘的客厅效果图彩色完成稿

评估六：设计方案的家具设备评估

一个建筑物的内部，如果什么家具设备都没有的时候，它是空的，几乎做什么风格、造型都可以。所以家具设备可说就是表现风格、造型的主角。但是这些风格造型是否统一呢？是否调和呢？装修家庭可以由设计师提供的家装设计方案的立面图或立体图，最好是彩色透视效果图，即可一目了然。

设计方案的彩色立面效果图

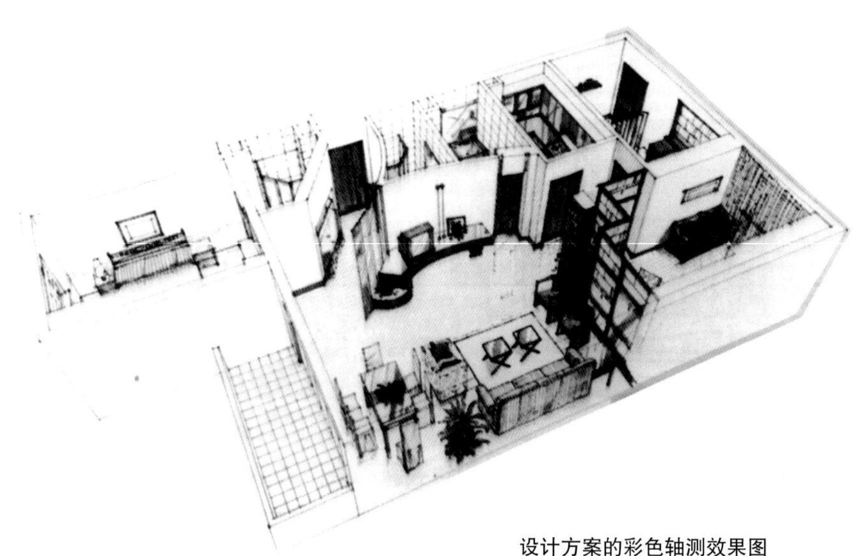

设计方案的彩色轴测效果图

设计师签单时当场手绘完成的卧室效果图黑白线条稿

设计师签单时当场手绘的卧室效果图彩色完成稿

评估七：设计方案的色彩效果评估

家庭装修效果是否赏心悦目，色彩运用有着很大关系。所以对设计方案色彩运用的合理性作出评估是很重要的。色彩评估就是检查设计方案的“色彩计划”是否适当，以保证设计方案能达到一定的水平。根据色彩的原理，装修家庭可用下法评估。

表中8个用色方法已列出相应的8张参考图，设计师可看看设计方案中提供的材料样板，它们的用色方法是否和其中一幅参考图近似？(注意“近似”不是指颜色本身，什么颜色都无所谓，现在指的是“用色方法”)如果近似，表示色彩的运用有条理。如果相差很远，表示这一设计的色彩计划可能有问题。

家装设计用色方法说明

编号	用色方法	说明
1	单色相调和	用单一种颜色的深浅、鲜浊色
2	同色系调和	用一种颜色左右相邻的同色系列
3	类色系调和	用一种颜色相邻较远的各颜色系列
4	有彩色和无彩色调和	一种彩色和黑白色同时运用
5	对比色调和	把色环上几乎相对的两种颜色一起运用
6	补色调和	把色环上相对的两种颜色一起运用
7	渐层色调和	运用色相或色调依次渐变的多种颜色
8	多色相调和	多种颜色一起运用

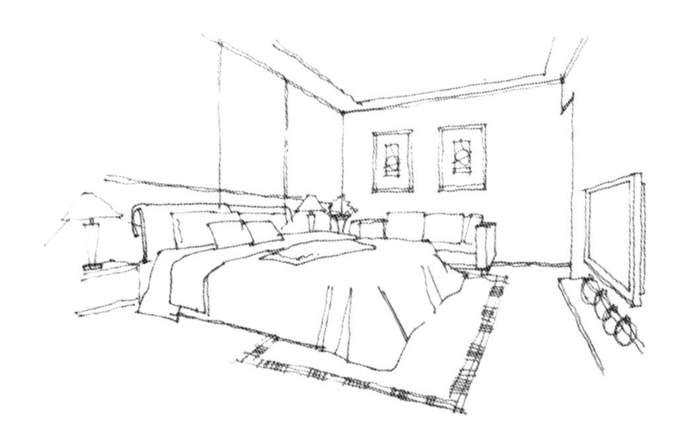

设计师签单时当场
手绘完成的卧室效
果图黑白线条稿

设计师签单时当场手绘的卧室效果图彩色完成稿

下面提供了几种常见的装修风格的实景图片，家装业主可以参照设计师提供的设计方案加以比较，看接近那一种配色方法。家装业主在比较时注意：如果非常接近，就选择①；如果比较接近，就选择②；如果相差很大，就选择③。然后，把每个图所选的数字相加，和越大，就说明配色效果较好；否则，就说明配色较差。

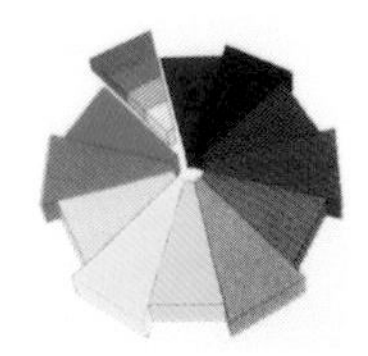

① 同色系调和 1 2 3

② 单色相调和 1 2 3

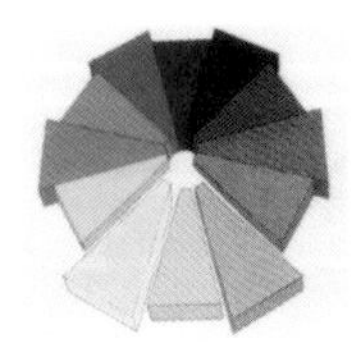

③ 类色系调和 1 2 3

④ 有彩色和无彩色调和 1 2 3

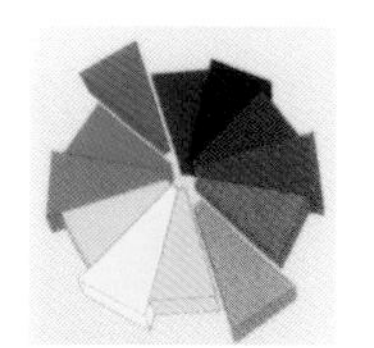

⑤ 对比色调和 1 2 3

⑦ 补色调和 1 2 3

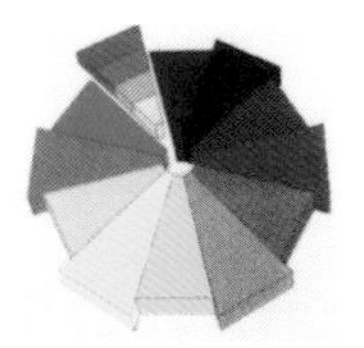

⑥ 渐层色调和 1 2 3

⑧ 多色相调和 1 2 3

评估八：设计方案的预算分配评估

通过对设计预算分配的评估，可从另一个角度来观察家装设计方案的取向。家装业主可以从中检查设计方案是否合本意。有时，更能从预算分配图，观察其是否合乎理性，以及当中有些什么问题。评估的方法，就是将装修预算分别拆开为各个项目，并计算它们在整个预算中所占的百分比。我们多数情况下会以工种来分析预算分配，并制成预算分配图。

内容	说明	比例
地面	石材、瓷砖、木地板等	40%
门窗	门窗用木材、饰面板等	20%
非购买家具	需现场加工的储物柜等	10%
油工料	含涂料、油漆等一切与油工相关材料	10%
暖工料	改管线、换水嘴等	5%
电工料	改线、开关、灯具等	15%

设计师签单时当场手绘完成的餐厅效果图

由右图可见：木工约占40%，是泥水、油漆、家具（约占20%）等的两倍，更是地板、杂项(各占约10%)的四倍，而电器及水务工程，均不超过10%。有些人会在客人能看到的地方(如客厅、餐厅)多花钱；有人注重厨房或厕所，因为这部分设备较多，技术较复杂，花费会显得较多。单从预算分配图，亦不难察觉出整个室内设计的主线在哪里。

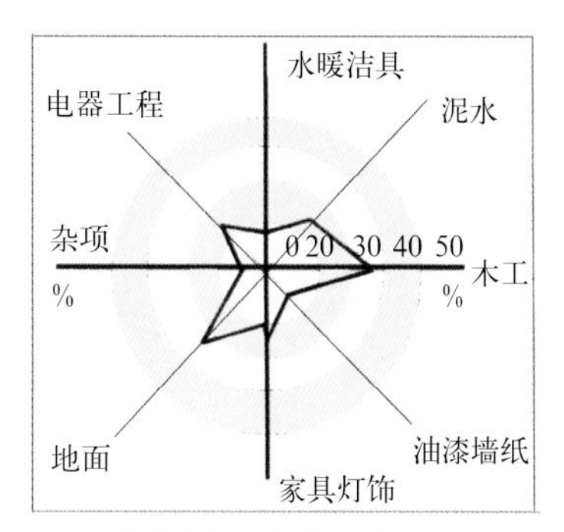

家庭装修工程费用分配图

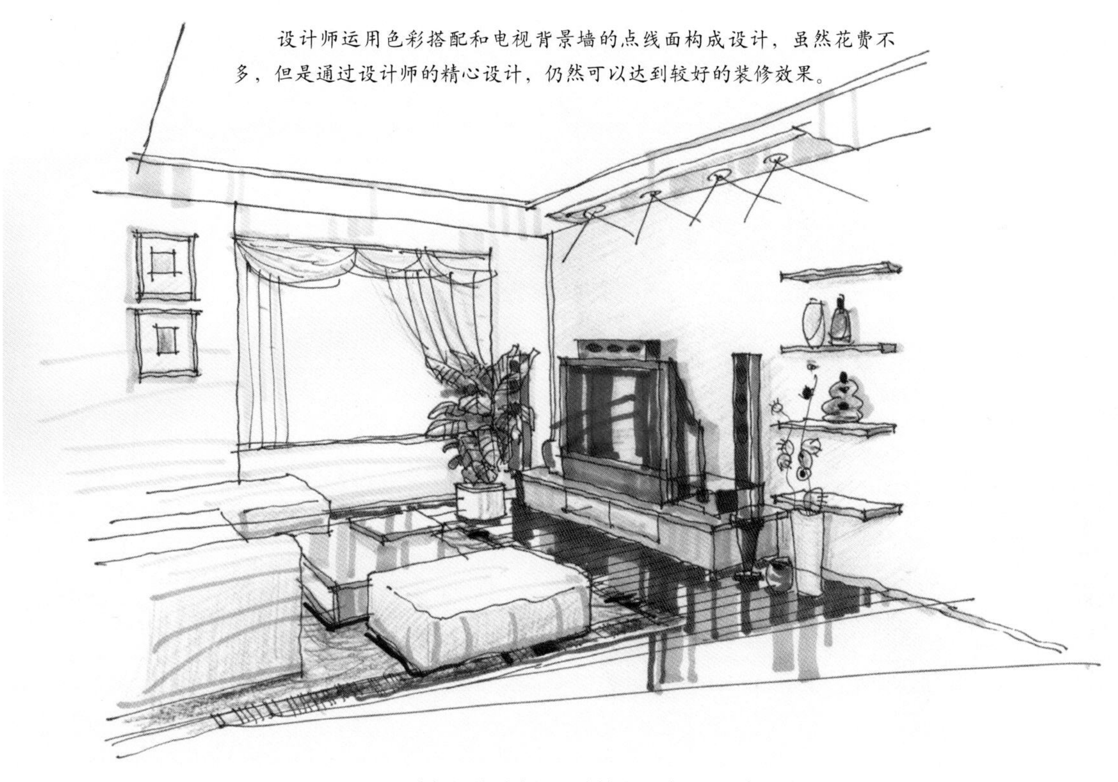

设计师运用色彩搭配和电视背景墙的点线面构成设计，虽然花费不多，但是通过设计师的精心设计，仍然可以达到较好的装修效果。

设计师签单时当场手绘的客厅效果图彩色完成稿

参考书目

1. 蓝先琳主编.造型设计基础平面构成.中国轻工业出版社.
2. 贾森主编.金牌设计师签单高手基础教程.西安交通大学出版社.
3. 么冰儒编著.室内外快速表现.上海科学技术出版社.
4. 贾森主编.买房的学问.机械工业出版社.
5. 贾森主编.家装的计谋.机械工业出版社.
6. 彭一刚著.建筑空间组合论.中国建筑工业出版社.
7. 霍维国，霍光编著.室内设计工程图画法.中国建筑工业出版社.
8. 冯安娜，李沙主编.室内设计参考教程.天津大学出版社.
9. 杨键编著.室内徒手画表现法.辽宁科学技术出版社.
10. 胡锦著.设计快速表现.机械工业出版社.
11. 杨键编著.家居空间设计与快速表现.辽宁科学技术出版社.
12. [美] 伯特·多德森著.刘玉民校素描的诀窍.蔡强译.上海人民美术出版社.
13. 吴卫著.钢笔建筑室内环境技法与表现.中国建筑工业出版社.
14. 来增祥，陆震纬编著.室内设计原理.中国建筑工业出版社.
15. [美] 保罗·拉索著.图解思考——建筑表现技法.丘贤丰，刘宇光，郭建青译.中国建筑工业出版社.
16. 杨志麟编著.设计创意.东南大学出版社.
17. 吉什拉·瓦特曼著.温馨居室与你.葛放翻译.江苏科技出版社.
18. [日] 松下住宅产业株式会社编著.家居设计配色事宜.广州出版社.
19. [香港] 欧志横编著.舒适温馨创意室内设计.广州出版社.
20. 李长胜编著.快速徒手建筑画.福建科学技术出版社.
21. 何振强，黄德龄主编.室内设计手绘快速表现.机械工业出版社.
22. 郑孝东编著.手绘与室内设计.南海出版公司.

在编辑过程中，我们选用了部分手绘和图片作品。由于时间仓促无法和作者取得联系，特此歉意，并希望这些作者迅速与编者联系，以便领取稿酬。